当代石油和石化工业技术普及读本

非常规油气资源

庞名立　执笔

中国石化出版社

图书在版编目（CIP）数据

非常规油气资源 / 庞名立执笔.
—北京：中国石化出版社，2013.7
（当代石油和石化工业技术普及读本）
ISBN 978-7-5114-2238-5

Ⅰ.①非… Ⅱ.①庞… Ⅲ.①石油资源—研究
Ⅳ.①TE155

中国版本图书馆 CIP 数据核字(2013)第 142734 号

中国石化出版社出版发行
地址：北京市东城区安定门外大街 58 号
邮编：100011 电话：(010)84271850
读者服务部电话：(010)84289974
http://www.sinopec-press.com
E-mail：press@sinopec.com
北京科信印刷有限公司印刷
全国各地新华书店经销
*
850×1168 毫米 32 开本 3.625 印张 65 千字
2013 年 8 月第 1 版 2013 年 8 月第 1 次印刷
定价：12.00 元

《当代石油和石化工业技术普及读本》

（第四版）

编　委　会

前　言

《当代石油和石化工业技术普及读本》（以下简称《普及读本》）第一版共包括了11个分册，2000年出版发行；2005年起根据石油石化工业的新发展和广大读者的要求，在修订了原有分册的基础上，补充编写了海洋石油开发、天然气开采等8个新的分册，于2007年出版发行了《普及读本》第二版；2009年我们又组织编写了煤制油、乙醇燃料与生物柴油等7个分册。至此，《普及读本》第三版共出版了26个分册，涵盖了陆上石油、海洋石油、开采与储运、天然气开发与利用、石油炼制与化工、石油化工绿色化及信息化、炼化企业污染与防治等石油石化工业相关领域的内容。

《普及读本》以企业经营管理人员和非炼化专业技术人员为读者对象，强调科普性、可阅读性、实用性、知识及技术的先进性，立足于帮助他们在较短的时间内对石油石化工业各个技术领域的概貌有一个基本了解，使其能通过利用阅读掌握的知识更好地参与或负责石油石化业的管理工作。这套丛书作为新闻出版总署"十五"国家科普著作重点出版项目，从开始组织编写到最后出版，我们在题材的选取、大纲的审定、作者的选择、稿件的审查以及技术内容的把关等方面，都坚持了高标准、严要求，力求做到通俗易懂、浅入深出、由点及面、注重实用，出版后，在社会上，尤其是在石油石化行业和各级管理部门产生了良好影响，受到了广泛好评。为了满足读者的需求，其中部分分册还多次重印。《普及读本》的出版发行，对于普及石油石化科技知识、提高技术人员和管理人员素质起到了积极作用，并荣获2000年度中国石油化工集团公司科技进步三等奖。

近年来，石油石化工业的发展日新月异，先进技术不断涌现；随着时间的推移，原有部分分册中的一些数据已经过时，需要更新。为了进一步完善《普及读本》系列读物，使其内容与我国石油石化工业技术的发展相适应，我们决定邀请国内炼油化工领域的专家对第一版及第二版的19个分册进行修订，组织该书第四版的出版发行，从而使该系列读物与时俱进，更加系统全面。

《普及读本》第四版的组织编写和修订工作得到了中国石油、中国石化、中国海油、中国神华以及中化集团的大力支持。参与丛书编写、修订工作的专家、教授精益求精、甘于奉献，精神令人感动。在此，谨向他们表示诚挚的敬意和衷心的感谢！

中国工程院院士

二〇一一年八月八日

目　录

引言

人类跨入21世纪，世界各国对石油天然气资源的需求量大增。尽管常规油气可采储量和产量仍然不断上升，但石油在一次能源消费中的比例逐年降低；同时，动荡的世界局势经常造成油气供应短缺。在可再生能源尚无法替代化石燃料之前，为了确保能源供应安全及延迟石油峰值的到来，人们在寻找并开发非常规油气资源，并使得石油供应重心开始转移，对中东石油的依赖削弱了。

非常规油气是指不通过生产井从地下圈闭的油气藏中开采，而通过其他方式生产或提取的油气。

由于非常规油气开采成本远比常规油气高，遏制了非常规油气的发展，但是随着油气价格飙升，非常规油气跨过了经济和环境保护的门槛，成为能源市场能够接受的能源品种。

现今在加拿大阿萨帕斯卡尔油砂矿，载重400吨的巨型卡车每天数万车次运输油砂到加工厂；中国数百座页岩油干馏炉耸立在抚顺地区，使中国一跃成为世界上页岩油产量最大的国家；巴西建成世界上最大的油页岩干馏炉，每天每座炉干馏油页岩6200吨；委内瑞拉在奥里诺科地带寻找超重原油，使其石油剩余可采储量超过沙特阿拉伯跃居世界首位；世界上煤制油最高产量在中国内蒙古；美国竖立起数万个井架开采页岩气；科技工作者正在研究藻类制油技术……。所有这些都说明，人们正在用非常规手段获取石油天然气。

非常规油气勘探开发进入突破高峰期，将成为全球石油工业发展的必然趋势；非常规油气理论技术进入持续创新期，正在引发世界石油工业新的科技革命；非常规油气地质学进入黄金发展期，已成为石油地质学发展的理论前沿，非常规油气资源的战略地位日趋重要。

全球有丰富的非常规油气资源。在全球石油资源中，常规石油只占 30%，其余 70% 都是非常规石油，而天然气水合物资源量则为全球油气资源总和的两倍，但非常规油气都是低丰度、低品位的，因此，开发非常规油气资源面临着严峻的挑战：

①非常规油气资源的勘探程度较低，需要加大资源评价力度；

②非常规油气资源部分关键技术需要持续攻关；

③环境保护对非常规油气资源产业发展提出了严格的要求；

④非常规油气资源业务投入大、周期长，经济效益短期内难以体现。

⑤非常规油气资源的开发需要获得政府的政策支持。

随着我国经济的快速发展及勘探的不断深入，发现大型的常规新油气田越来越困难，常规油气资源已经无法满足人们的需求，因此，要求加快非常规资源勘探开发技术的研发，加大经济评价力度，确定其经济可采储量规模，尽量减少我国对外石油的依存度。

第一章 概 述

第一节 油气成因学说

人类进入石油时代以来，一直在探索油气的成因，进入20世纪70年代，出现了两种截然不同的观点：有机成因说和无机成因说。

1. 有机成因学说

把成烃的条件限制在相当狭窄的范围。根据有机成因学说推断，地层很深的干酪根将变成石墨，失去成烃的可能。即使形成石油天然气也被进一步分解，不可能以烃矿床存在，从而导出“石油极限”和“天然气极限”论。通过地质勘探，有机成因学说受到质疑，特别是天然气成因。

2. 无机成因学说

有两种著名的观点：

(1)费歇尔－托普斯法观点

主要成烃机理是含氢和含碳等无机物经由化学反应生成石油天然气。用费歇尔－托普斯法合成人造石油已经进入商业化生产。在以费歇尔－托普斯法合成石油过程中，氢、一氧化碳和二氧化碳是必要物质，在地下深层高温高压的条件下，这些物质极可能存在，反应也可能发生，所以深层气的生成也容易发生。

(2)地球深层气观点

美国天文学家托马斯·戈尔德提出“地球深层气无机成因”假说，认为地球形成时便封存烃类这一原始物质。烃类的存在不仅限于地球而是整个宇宙。这种烃类深埋在地下(100~300千米)，在高温(1100~2400℃)条件下，发生各种反应生成甲烷，并由地壳向地表运移。

由于宇宙化学、同位素地质学，特别是全球构造学的进展，深层气的研究重新引起人们的重视，并提出了一些新的假说或论证，如板块俯冲带成气说、地球深层气说等。深层气成因假说的提出开阔了视野，深层勘探也越来越活跃，各国都在不断寻找和勘探。

1978年蒂索与维尔特合著《石油形成与分布》，论述了有机质转化为干酪根，然后又转化为石油天然气及油气藏的形成机理。即“干酪根晚期热降解生烃”理论模式，成为石油化学发展的里程牌。就目前而论，虽然有机成因说受到质疑，但在油气勘探开发中，仍占主导地位，因此，寻找油气田仍然按照有机成因理论，所以非常规油气的成因也仍然采用有机成因理论。

第二节　油气资源的生成

地球约在46亿年前形成，距今33~35亿年前，蓝藻就在地球上出现。蓝藻是第一种经由光合作用从太阳光中获得能量的生物，也是地球上最早出现的生物。在3~4亿年前，海洋已经大量繁殖动植物，生成油气的有机物质就来自于海洋和湖泊中的动植物残体。这些残体随同沉积物沉积于海洋中的低洼地带，在缺乏氧气的环境中得以保存，并在一定的物理、化学作用下分解，完成“去氧、加氢、富集碳”的过程，形成分散的碳氢化合物——石油和天然气。

分散的油气在存在压力差和浓度差的条件下，在地壳内任意移动。在油气运移过程中，如果受到某一遮挡物的阻挡而停止，则油气被聚集起来。常见的遮挡物如储集层上覆的不渗透盖层、断层以及储层物性的变化等。在储集层中，这种遮挡物存在的地段或区块，称为“圈闭”，油气进入圈闭就形成油气田，即为常规油气资源。

油气生成后，未排出源岩层系，大规模滞留于源岩层系，游离或吸附分散在致密岩层或页岩层中，就形成了非常规油气资源。

与常规油气资源的生成条件和特性不同，非常规油气资源地质特征为储层分布广泛、以自生自储方式为主、储层致密、无特定圈闭、没有或很少扩散运移等。从生产方式来说，常规油气钻井，只要钻进到油气圈闭内，即可产生高压油气流，高产维持数年；而开采非常规油气通常技术更为复杂，必须采用丛式井或水平井，实施增产措施如压裂酸化等，而且油气流衰减很快。

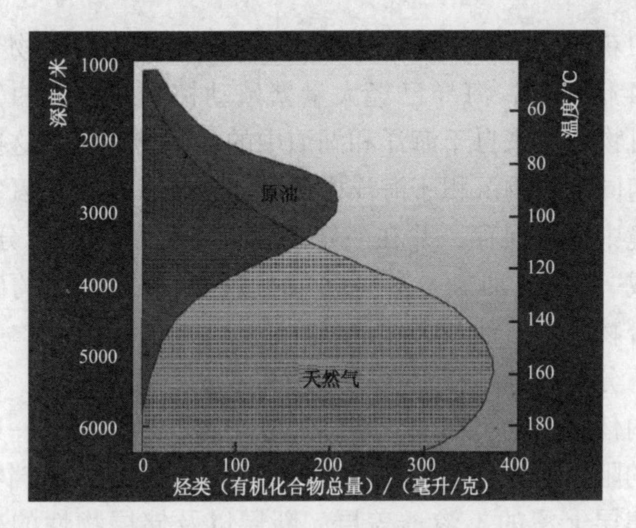

图 1－1　油气储层与埋深－温度的关系

第三节　油气储层与地层深度的关系

油气资源埋深与地层深度和温度有密切关系。原油在 165℃以上就裂解为以烷烃为主的天然气，而甲烷具有较高的热稳定性，在地层的条件下存在的最高温度可大于 500℃，天然气埋深远比原油深得多。

图 1－1 表明，绝大多数有商业价值的油气田出现在此范围，非常规油气资源也在此范围，其温度超过此范围，油气就会碳化。

勘探油气田朝向深层发展，世界上已在 21 个盆地中发现了 75 个埋深大于 5000 米的工业油气藏。我国元坝气田成为迄今为止埋藏最深的大型海相气田，气藏埋深 6500 米左右；30 年来西半球发现的最大油田——巴西卢拉油田位于水下 2000 米，然后在盐砂岩下 5000 米。这种地壳埋深处的成藏机理一直是研究者探索的焦点。

第四节 资源量与可采储量

非常规油气资源量不是指自然界地下蕴藏的非常规油气数量，而是指经过人们的地质勘探和研究，已探明的、地下蕴藏的并可被利用的非常规油气数量。

地下油气资源不是一个常数，随着人们的认识和技术进步而改变，因此，人类消费油气形成这样一个链：资源量→可采储量→生产量→消费量，前者不断为后者提供数量。

资源量数据是估算的，是统计机构、协会及学者按照自己的规范对资源量进行的评价，因此，可能出现多种数据，这些数据仅供参考，不具备商业价值。在论述非常规油气资源时，许多数据采用资源量，其中又分为地质资源量和技术可采资源量，而不是可采储量，因此数据相差很大。但很难查到非常规油气可采储量数据，其原因是有的非常规油气如页岩油、油砂、页岩气等已经跨过经济（价格）的门槛，没有单独统计，而是并入可采储量范围。也就是说，可采储量已经包含了常规油气和非常规油气两者的可采储量数据。在市场经济中，可采储量、生产量和消费量等数据是能源决策者和研究者关注的，每年 6 月可以从 BP 公司的《世界能源统计评论》中查询到更新的数据。

当今世界，尽管油气可采储量和产量持续增加，但需求量更加强劲增长，油气供应难以支持经济增长，表现出石油供不应求，显示出原油在一次能源消费中持续降低，常规油气资源已经不能满足需求；同时，国际地缘政治局势的变化，经常性影响油气供应，因此，为了确保油气供应，不被国外油气牵制，世界各国将能源的注意力逐渐聚焦于非常规油气资源。

第五节　非常规油气跨过准入门槛

人类对地下资源的利用总是从其较易开发、资源丰度较高、因而易获得较大经济效益的地方入手，然后随着需求的扩大和技术水平的提高而转向资源禀赋较差的领域扩展。自20世纪60年代以来，常规和非常规油气的概念开始流行。人们把当时就可进行经济开发的那些油气资源类型归为常规，而把丰度低、难开发以致在当时技术经济水平下难以取得经济效益(即难于达到经济门槛)的油气资源列入非常规。从其划分的两个关键词(技术水平、经济门槛)来看，都随时间推移条件改变而变化，因而这个界限是模糊的、在不同国家是有所不同的。在不断的探索中，20世纪后期人们已认识到从地下赋存量来看，非常规油气要比已发现的常规油气高几倍。于是在需求的巨大推动下，依托科技水平的不断提升而使可采的经济边际不断下移。如用20世纪后期的标准划分的非常规油气类型，以现今的条件会有一部分已属于技术上可开发、经济上有效益的资源。尽管如此，我们仍然沿用着传统的划分，仍称其为非常规油气。可以说，开发非常规油气已经跨过准入的门槛。当然，仍有些赋存量相当大的非常规油气如天然气水合物，在目前和近期甚至未来也难以被商业性开发。

1. 全球经济发展促进非常规油气的开发

自从人类进入石油工业时代以来，由于经济发展的需求拉动，油气可采储量和产量一直处于增长阶段，从来没有降低过，但近年来，原油在一次能源消费中的比例开始下滑。从 2001 年的 38.4% 降低到 2011 年的 33.1%，而原煤的比例从 2001 年只有 24.2% 上升到 2011 年的 30.3%，见表 1－1。尽管原油的剩余可采储量和生产量均在增加，但是已经不能满足经济发展的需求，因而使其原煤消费比例有所上升。

表 1－1　世界一次能源消费结构

年　份	一次能源总量/百万吨油当量	一次能源结构中的份额/%					
		原油	天然气	原煤	核能	水力发电	再生能源
2001 年	9165.3	38.4	24.2	24.5	6.6	6.4	
2003 年	9741.1	37.3	23.9	26.5	6.1	6.1	
2005 年	10537.1	36.1	23.5	27.8	6.0	6.3	
2007 年	11099.3	35.6	23.8	28.6	5.6	6.4	
2009 年	11164.3	34.8	23.8	29.4	5.5	6.6	
2010 年	12002.4	33.6	23.8	29.6	5.2	6.5	1.3
2011 年	12274.6	33.1	23.7	30.3	4.9	6.5	1.6

虽然各国一次能源消费结构不尽相同，但世界总趋

势是原油在一次能源消费中逐渐下滑，尽管原油产量不断上升，但仍然不能满足经济发展的需求，于是开发非常规油气成为重要的补充。

2. 能源危机促进非常规油气开发

所谓能源危机是指因为能源供应短缺或是价格上涨而影响经济发展。由于化石燃料在21世纪仍然丰富，目前泛指的能源危机不是石油资源短缺的危机，而是石油供应的危机。为了保证能源安全，能源短缺的国家要谋求石油进口渠道，这就形成了全球性的“石油争夺战”。

全球油气资源分布极不平衡，中东地区约占世界原油剩余可采储量的50%。天然气剩余可采储量主要在俄罗斯、伊朗和卡塔尔，约占世界总量的49%。由于这种极度的不平衡，导致石油天然气国家间的贸易，石油天然气的国际贸易可分为管道贸易和海洋贸易。原油国际贸易量一般为全球生产总量的61%～68%之间，而天然气国际贸易量一般为全球生产总量的23%～32%。由于天然气贸易必须经由管道到达用户，天然气呈现区域性的特点，因此，天然气比原油的国际贸易量少得多。

世界上油轮航运的主要航线关系着全球能源安全。全球石油生产的一半需通过海洋运输。峡口是海上航线非常狭窄的通道，而且限制通过船只的大小。由于大量的国际石油贸易必须通过狭窄的海峡，所以峡口是全球能源安全的一个重要组成部分。

油气输送管道也是跨地区输送油气的理想方式。对于那些在大陆腹地所开采的石油天然气，用管道运输方式更为方便。在那些繁忙的“咽喉要道”，管道输送可以为海上运输起到辅助作用，还能以缩短距离的方式来节省运输成本。对于短距离的输送，既省钱又环保；对于长距离的输送，其运输成本同样也远低于铁路、公路或水上运输，但前提是邻国之间政府没有冲突，恐怖分子没有袭击管道。因此，追求“能源独立”是油气进口国的重要目标，也促进各国对非常规油气资源的开发。

中国非常规油气资源潜力有待进一步落实，从目前初步评价结果显示其资源潜力较大(见表1-2)，将支撑中国经济建设。随着中国经济的发展，必将推动非常规油气的勘探、开发和利用。

表1-2　中国非常规油气资源估计

项　目	地质资源量	可采资源量
致密气/万亿立方米	17.4~25.1	8.8~12.1
页岩气/万亿立方米	86~166	15~25
煤层气/万亿立方米	36.8	10.9
致密油/亿吨	74~80	13~14
页岩油/亿吨	476	120
油砂/亿吨	60	23

在化石燃料统计中所用的“储采比”，是指在给定的范围内，年底剩余可采储量与当年产量的比值，单位为年；也就是说，保持产量不变时现有的剩余可采储量还可采多少年。可是，这个数据常被误认为为油气还能

采多少年，被认为是油气枯竭论的佐证，但实际上储采比的分子(剩余可采储量)和分母(当年产量)都在不断变化，如2005年石油储采比为40.6年，2011年反而增至54.2年。目前人们关注非常规油气资源的开发，其剩余可采储量数值必将会不断上升以填补原油不足。尽管目前对全球非常规油气资源认识差异较大。不同预测者依据资料、统计范围和方法皆有不同，其结果有异是可以理解的，但一致显示出非常规油气潜力巨大。

3. 非常规油气开采中企业的社会责任

企业的社会责任是指企业在其商业运作时对其利害关系人应付的责任。这个概念是基于商业运作必须符合可持续发展的理念，企业除了考虑自身的财政和经营状况外，也要加入其对社会和自然环境所造成的影响的考量。

人类自从诞生后，一直利用生物质能，相互和谐相处，但到1781年英国发明家詹姆斯·瓦特改进了蒸汽机后，从而掀起一场全球性的工业革命，人类迅速进入煤炭时代，打破了原有环境的宁静。当今人类利用的化石燃料是古代太阳的遗留物，地球上蕴藏的原煤、原油和天然气都是来源于古代太阳能，即通过太阳的光合作用繁殖生物质，再经过亿万年地下埋藏而产生化石燃料。燃烧化石燃料必然排放CO_2及其他污染物，必定增加大气的CO_2含量。而今常规油气开采难以支撑经济发展，又迅速转入非常规油气开采。非常规油气开采比常规油气开采会造成更严重的污染。

人类最终将走向无碳能源时代，而目前非常规油气开采只是在再生能源无法取代常规油气生产的情况下发展起来的，因此，非常规油气企业无论开采哪一种能源都必须满足三项条件：

①技术可采。在当今的技术条件下，能够开采出来。

②经济可行。开采出来的能源在现行的价格能够销售出去。

③环境容许。从开采到销售的过程中，没有破坏环境，符合环境保护法规要求。

这种非常规油气企业的社会责任是推进经济发展和社会和谐的重要力量。

第二章　非常规石油

常规石油是指通过常规的钻井方式从陆上或海洋底部地下油藏获取原油和天然气凝液。油藏是聚集在一个由不渗透的盖层、底层及隔层所组成的圈闭内的、含孔隙的储油岩层中的原油。形成油藏的必要条件是圈闭，油藏类型取决于圈闭类型，如背斜油藏是指原油在背斜圈闭内聚集，开采这种石油采取的是常规钻井方式。

非常规石油(Unconventional Oil)是指不通过生产井从地下油藏中开采，而通过其他方式生产或提取的石油。

第一节　非常规石油的简介

1. 非常规石油的含义

国际能源署(IEA)采用“Unconventional Oil”一词，在《石油市场报告》中规定非常规石油，包括：

①由油页岩生产的石油；

②由油砂生产的原油及衍生产品；

③由煤处理得到的合成油；

④由生物质获得的生物柴油；

⑤由天然气加工制取的合成油。

美国和加拿大对非常规石油的含义只包括采用非常规方式开采的美国页岩油、美国油砂、加拿大油砂、加拿大重油、美国和加拿大的致密油。

美国是竭力摆脱从中东进口石油、追求“能源独立”的国家，单靠非常规方式从地下获取页岩油、致密油和油砂是不能满足的，所以在解决石油来源的方案中引入了合成燃料，即从煤、天然气或生物质制取的液态燃料。因此，解决石油来源可归纳为两大类：

①从地下非常规获取的油砂、页岩油和致密油；

②由煤、天然气和生物质制取的合成燃料。

2. 非常规石油的种类与区别

根据美国石油学会“API 重度”的规定，对原油分为4类：轻质原油(常规石油)、重质油、超重原油和油砂。后三者为非常规石油。

油砂属于已露出地表或近地表的重质残余石油浸染的砂岩，系沥青基原油在运移过程中失掉轻质组分后的一种胶状的黑色物。页岩油和致密油是泛指蕴藏在孔隙度低和渗透率低的致密含油层中的非常规石油资源。

致密油与页岩油属于不同的非常规石油资源类型。在非常规石油生产中，油页岩通过热裂解、加氢或热熔而获得的非常规石油，称为页岩油；而利用水力压裂技术进入致密地层或通过水平钻井和多段水力压裂技术从地下页岩层系中采出的轻质原油，称为致密油。

采出的致密油是轻质(常规)原油，而页岩油和油砂是(非常规)重质原油，必须经过加氢裂化处理。这三种非常规石油的储存方式、开采方式及生产方式都不一样，其区别见表2－1。

表2－1　三种非常规石油的区别

	致密油	页岩油	油砂
储存方式	生油岩中滞留的原油，未经历油气运移	各类致密储层中聚集的原油，经短距离运移于储层中	原油在运移过程中失掉轻质组分后的产物
开采方式	利用通过水平钻井和多段水力压裂技术从地下页岩层系中采出的原油。(同页岩气)	通常在地面上采矿，然后油页岩进入加工厂处理	通常在地面上采矿，然后油砂进入加工厂处理
生产方式	常规石油处理	地面干馏；通过热裂解、加氢或热熔而得	加热、加氢
产品特点	轻质原油	重质油	天然沥青

在全球石油资源中，只有30%是常规石油资源，其余70%(其中15%重质油、25%超重原油和30%油砂)需要更多的能源和自然资源去回收，因此，生产技术繁琐，市场价格更为昂贵。

第二节　油　砂

油砂是指已露出地表或近地表的重质残余石油浸染的砂岩，亦称焦油砂、天然沥青，也是非常规石油沉积的一种类型。油砂系沥青基原油在运移过程中失掉轻质组分后的产物，它是一种胶状的黑色物质，可以用来生产液体燃料。

油砂是由沉积在浅海和湖沼中的腐泥转变而成的。它的原始物质除古代水生植物、孢子和花粉之外，还有若干动物质。在地壳不断下降和在深水缺氧的条件下，经厌氧菌的作用，使腐泥中的有机物质发生还原与分解反应，形成含有丰富的碳氢化合物的沥青基原油，在运移过程中失掉轻质组分后的产物。

世界能源理事会(WEC)沿用的油砂定义是：油砂是指原油API度小于10°和在储层温度的条件下黏度大于10000毫帕·秒的石油。超重原油是指原油API度小于10°和在储层温度的条件下黏度小于10000毫帕·秒的石油。

油砂是黏土、石沙、水和地沥青的混合物。对于小部分处于表层的油砂，可以直接运到工厂加工，但对于大部分地表深层的油砂矿，必须要通过向地下注入高压蒸汽使沉积物液化，再将它提升至地面。

现代非常规石油生产至少有10%来自油砂，约有270亿立方米(1700亿桶)。

1. 油砂资源量与产地

根据世界能源理事会(WEC)2010年引用美国地质勘测局的报道，23个国家中的598个沉积层中都有油砂，其中最大的沉积分别在加拿大、哈萨克斯坦和俄罗斯联邦。全球油砂可采储量估计为397.0亿立方米(2496.7亿桶)，其中加拿大为281.1亿立方米(1768

亿桶），占 70.8%；哈萨克斯坦为 66.79 亿立方米（420.09 亿桶），占 16.8%；俄罗斯为 45.12 亿立方米（283.8 亿桶），占 11.4%。详细情况见表 2－2。

表 2－2　世界油砂资源量

百万桶

国　家	油砂地质总储量	已发现的油砂地质储量	原始油砂可采储量
安哥拉	4648	4648	465
刚果（布拉柴维尔）	5063	5063	506
刚果（民主共和国）	300	300	30
马达加斯加	16000	2211	221
尼日利亚	38324	5744	574
非洲合计	64335	17966	1796
加拿大	2434221	1731000	176800
特立尼达和多巴哥	928	928	
美　国	53479	37142	24
北美洲合计	2488628	1769070	176824
中　国	1593	1593	1
格鲁吉亚	31	31	3
印度尼西亚	4456	4456	446
哈萨克斯坦	420690	420690	42009
亚洲合计	426771	426771	42460
意大利	2100	2100	210
俄罗斯	346754	295409	28380
瑞　士	10	10	
欧洲合计	348864	297519	28590
世界总计	3328598	2511326	249670

注：1 桶 =0.159 立方米。

加拿大艾伯塔省油砂矿床是世界上最大的油砂沉积层，由四个大矿床组成：阿萨帕斯卡尔、和平河、冷湖和沃帕斯卡尔，其总资源量估计为2703～3975亿立方米(1.7～2.5万亿桶)。其中阿萨帕斯卡尔油砂矿是加拿大艾伯塔省最大的而且最容易获得的沥青资源，它在面积为30000平方千米，富集了1590亿立方米(1万亿桶)沥青。

阿萨帕斯卡尔油砂矿藏是世界上最大的油砂矿藏，位于加拿大艾伯塔省东北部，集中在麦克默里堡。1848年发现，1967年开始开采，矿区面积1.41×10^5平方千米，砂岩多为淡水及半咸水相，属白垩系，矿藏埋藏深度0～750米。油砂资源量2703亿立方米(1.7万亿桶)，适合于大规模露天开采，而深度120～750米的矿藏采用蒸汽辅助重力泄油法(SAGD)和蒸汽循环激励法(CSS)开采。每天生产130万桶油(206700立方米/日)。

加拿大的油砂生产在2006年已经进入经济可采范围，跃居世界前列，但到2011年才进入世界能源统计，加拿大的石油剩余可采储量仅次于沙特阿拉伯和委内瑞拉。

世界上有30多个国家发现有超重原油，但最大的矿藏是在委内瑞拉奥里诺科北部油砂带(Orinoco Belt)，它与沙特阿拉伯常规石油储量相当，估计地质储量约为700亿吨(5130亿桶)。2013年投产。

中国于2008年1月发布的《关于新一轮全国资源

评价和储量产量趋势预测报告》的评价结果显示，全国油砂油地质资源量59.7亿吨，可采资源量22.6亿吨。

2. 油砂开采与生产

早在1745年法国下莱茵省梅尔克维莱佩谢尔布龙市镇已经开始开采油砂，1857年建立了现代化油砂炼厂，同时开办了第一所石油技术学校。这个佩谢尔布龙油田一直开采到1970年。

卡尔·克拉克在美国伊利诺大学获化学博士学位，是加拿大化学家和油砂研究的先驱，也是20世纪石油工业的杰出人物。1925年在艾伯塔研究理事会从事研究工作，用热水从油砂中提取石油获得成功，1929年取得专利。目前基本上仍然采用此法。

油砂和超重原油是以高黏度、高密度(API度低)以及高浓度的氮、氧、硫和重金属为特征。这种特征导致提取、运输和炼制比常规石油的技术难度和成本都高，但其开采方式是相同的。根据油砂所处的位置，油砂开采分为：露天开采和深层开采。

(1)露天开采

露天开采(见图2-1)主要适用于埋藏较浅(<75米)的近地表油砂。露天开采具有资源回收率高、劳动效率高、可用大型自动化机械设备、生产安全的特点。加拿大艾伯塔省的油砂约90%采用露天开采，加拿大阿萨巴斯卡的油砂矿早在1967年就已进行商业性开采。

图 2－1　油砂露天开采

(2)深层开采

对于埋深>75 米的油砂层，因需要剥离的盖层过大、成本过高而无法利用露天开采技术，这些埋藏较深的油砂，需要深层开采。深层开采分为冷采法和热采法。目前，冷采法有泵抽冷流技术，产率低；热采法是比较成熟的技术，有蒸汽循环激励法、蒸汽辅助重力泄油、蒸气萃取法、注空气火烧油层技术、火驱架空重力泄油等。

①泵抽冷流技术法(Cold Flow)：只是将油层中的油用螺杆泵简单地抽出。但前提条件是工作井所处油层应有足够的流动性，如委内瑞拉超重油层温度为 50℃，其次还有加拿大艾伯塔省沃巴斯卡油砂、冷湖油砂和和平湖南部油砂等。其优点均是开采成本低，就地油回收率可达 5%～6%。

在油砂矿开采中，如果将排出的油砂过滤驱油，会明显提高回收率，进一步的研究发现，若泵出的流砂可形成油砂层的“蚓孔”网络，使得更多的原油进入井眼，其优点是回收率提高 10%，缺点是泵出的砂难以处理。

这种技术也称为冷重油砂蚓孔生产技术(Cold Heavy Oil Production with Sand，缩写 CHOPS)。

②蒸汽循环激励法(Cyclic Steam Stimulation，缩写 CSS)：该法的前身是蒸汽吞吐技术。蒸汽吞吐是一种相对简单和成熟的注蒸汽开采油砂的技术。蒸汽吞吐原理是加热近井地带原油，使之黏度降低，当生产压力下降时，为地层束缚水和蒸汽的闪蒸提供气体驱动力。该工艺技术施工简单、收效快。在实施蒸汽吞吐中关键的还要加入注入剂，注入剂主要有天然气、溶剂(轻质油)及高温泡沫剂(表面活性剂)。蒸汽吞吐技术的发展主要在于使用各种助剂改善吞吐效果。

蒸汽循环激励法是蒸汽吞吐的拓展，通过注入高压蒸汽，加热地层，降低沥青的黏度，使其流动。其方法是首先通过垂直井筒注入高压蒸汽；接着关井数周或数月在 300～340℃ 的温度下充分热浸泡地层，最后开井生产。然后，休整一段时间，重复操作。注入的高压蒸汽除了加热地层外，还可以在储层中产生裂缝，改善流体的流动状况。

蒸汽循环激励技术是目前大规模工业化应用的热采技术，其机理主要是降低油砂油黏度，提高原油的流度。优点是回收率可达约 20%～25%，缺点是注入蒸汽的成本太高。

③蒸汽辅助重力泄油法(Steam Assisted Gravity Drainage，缩写 SAGD)：在 20 世纪 80 年代正当定向钻井技术

改进时，蒸汽辅助重力泄油技术得以发展，开发成为一项前沿技术，其机理是向井中注入蒸汽，蒸汽向上超覆在地层中形成蒸汽腔，蒸汽腔向上及侧面扩展，与油砂层中的原油发生热交换，加热后的原油和蒸汽冷凝水靠重力作用泄入下面的水平生产井中产出(见图2-2)。

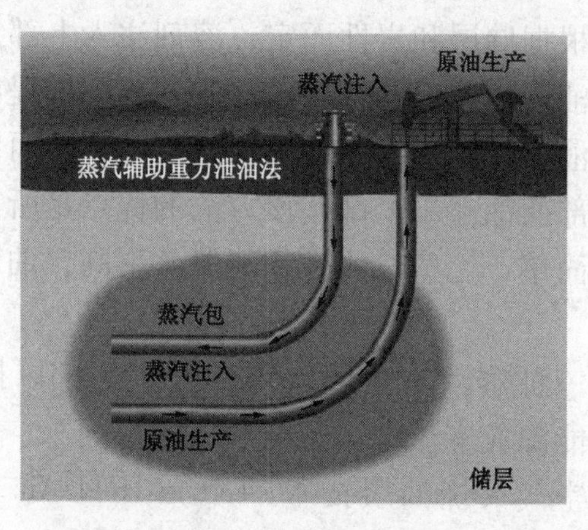

图2-2　蒸汽辅助重力泄油技术示意图

一般在生产井上方形成蒸汽室。蒸汽注入后，在上升过程中通过多孔介质与冷油接触，并逐渐冷凝，凝析水和被加热的原油在重力驱替下泄向生产井并经由生产井产出。蒸汽辅助重力泄油与水平井技术相结合被认为是近10年来所建立的最著名的油藏工程理论。

蒸汽辅助重力泄油法比蒸汽循环激励法开发成本低，而且产油率高，回收率可达60%。由于蒸汽辅助重力泄油法在经济上的可行性，适用于大面积的油砂开发，这种方法使北美石油储备翻了两番，并使加拿大在世界石油可采储量中居世界第三位。

④蒸气萃取法(Vapor Extraction Process, VAPEX):蒸气萃取法是一种深层开采技术，类似蒸汽辅助重力泄油法，只是取消蒸汽而采用溶剂。如果没有产生蒸汽的能源，溶剂萃取法是有利的。采用的烃类溶剂可以是气体如甲烷、二氧化碳、丙烷、丁烷，也可以是液体。混合比例则根据储层和岩性而定，溶剂注入上部井，以稀释油砂，油砂中较轻的组分被注入的溶剂抽提出来，形成的稀释液其流动性比原油和沥青更好，因而使得沥青流入井下部而油浮于上部。该方法的优点是所需设备便宜、操作简单，比蒸汽注入的能源效率高，油层适用范围广。

以上三种蒸汽方法通常是相互采用，以提高回收率，降低能源成本。

⑤注空气火烧油层技术(Toe to Heel Air Injection, THAI):注空气火烧油层技术按字面翻译为"脚趾脚跟空气喷射"(见图2-3)。这是一项重力辅助的火烧油层工艺，并结合了水平井先进技术以获得很高的回收率;通过热裂化实现原地深层提高原油品位、开采出改质的原油。实施THAI过程点燃储层中的油，创建了燃烧的垂直壁，从水平井"脚趾"朝向垂直燃烧油砂层推移，油砂层不断裂解出轻组分的油流，涌向生产井产出。该工艺利用重力稳定性原理限制向狭窄的可流动区域泄油，这样就可以使已经处于流动状态的流体直接进入生产井的裸露井段。在生产中使用较少的淡水，并使温室气体排放减少50%。虽然目前还处于试验阶段，但已

经可以控制实施，并且不需要额外的能源就可以获得蒸汽。

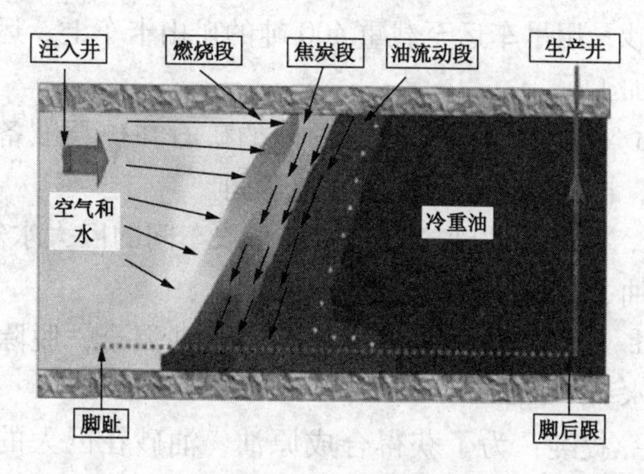

图 2－3　注空气火烧油层技术

⑥火驱架空重力泄油（Combustion Overhead Gravity Drainage，COGD）：在油砂层的水平生产井上面的注入井，注入大量空气垂直进入井中，在一定的部位点火，使其燃烧，最初的蒸汽循环类似于蒸汽循环激励法，利用燃烧产生额外的热量将油砂层加热，达到将油采出的目的。

采用火驱架空重力泄油法开采高黏度稠油或油砂层，其优点是能够把重质原油开采出来，通过燃烧使部分重质油分裂解，采出轻质油分。这种方法的采收率很高，可达 80% 以上。与蒸汽辅助重力泄油比较，估计火驱架空重力泄油将节约 80% 的水。其难点是实施工艺难度大，不易控制地下燃烧，而且高压注入大量空气的成本太高。

从提取油砂到获得轻质石油，其步骤可归纳为：

a. 挖掘：从露天油砂矿挖掘出或从深层油砂层采出油砂，用吊车运至载重400吨的矿山卡车上，运送油砂到加工厂。

b. 粉碎和运输：富含油砂的矿石在矿石准备车间碾碎，再用管道送往初步萃取车间。

c. 提取：油砂放置在初步萃取车间的巨大水箱中，使其油、水和砂分离。

d. 稀释：油砂与化学溶剂石脑油混合，脱除残留物和水。

e. 提纯：为了获得合成原油，油砂在巨大的熔炉中加热到500℃，在此过程中去除多余的碳，然后加氢制取合成油。

3. 五大产油国石油可采储量的变化

按照“可采储量”的定义，无论常规油气或非常规油气，只要达到技术可采、经济可行，就属于可采储量。油砂和超重原油已经进入可采储量范畴。

生产量是根据市场需求来产出的，而剩余可采储量的数量代表是否丰富。加拿大阿萨帕斯卡尔油砂和委内瑞拉奥里诺科北部油砂带矿蕴藏着丰富的石油储量，美洲大陆非常规石油的崛起，被称为世界石油重心开始向西半球转移。富产轻质原油的沙特阿拉伯、伊朗和伊拉克，其石油可采储量一直居世界之首，但到2011年委内瑞拉石油可采储量跃居世界第一，加拿大也跃居世界第三，见表2-3。

表 2-3　世界五大产油国的石油剩余可采储量

	委内瑞拉		沙特阿拉伯		加拿大		伊　朗		伊拉克	
	10 亿吨	%	10 亿吨	%	10 亿吨	%	10 亿吨	%	10 亿吨	%
2006 年	11.5	6.6	36.3	21.9	2.4	1.4	18.9	11.4	15.5	9.5
2007 年	12.5	7.0	36.3	21.3	4.2	2.2	19.0	11.2	15.5	9.3
2008 年	14.3	7.9	36.3	21.0	4.4	2.3	18.9	10.9	15.5	9.1
2009 年	24.8	12.9	36.3	19.8	5.2	2.5	15.5	8.0	15.5	8.6
2010 年	30.4	15.3	36.3	19.1	5.0	2.3	18.8	9.9	15.5	8.3
2011 年	46.3	17.9	36.5	16.1	28.2	10.6	20.8	9.1	19.3	8.7

第三节　油页岩与页岩油

油页岩，也称干酪根页岩，是一种富含有机质、具有微细层理、可以燃烧的细粒沉积岩，主要成分为油母质(由有机化合物组成的固态混合物)，油页岩含油量一般为 4% ~20%，有的高达 30%，可以直接提炼石油。

从油页岩生产的石油，称为页岩油。页岩油是在生油岩中滞留的原油，未经历过油气运移。油页岩实际上是未成熟的烃源岩，必须经过人工加热，通过干馏提炼出类似于原油的油页岩油，又称人造石油。油页岩的组成一般如下：

①无机基质：石英、长石、黏土(主要是伊利石和绿泥石)、碳酸盐(方解石和白云石)、黄铁矿和其他。

②沥青：能溶于二硫化碳（CS_2）。

③干酪根：不溶于二硫化碳；含有铀、铁、镍、钒、钼等。

油页岩没有明确的地质学定义及特定的化学式，其矿层也不一定有分隔的边界。油页岩的矿物组成、时代、油母质类型及沉积史等亦存在多种情形。油页岩与沥青岩类（焦油砂与油层岩）、腐殖煤及炭质页岩皆不相同。

1. 油页岩成因类型

根据沉积环境和基本成因，油页岩成因可分为三种基本类型，如图2－4。

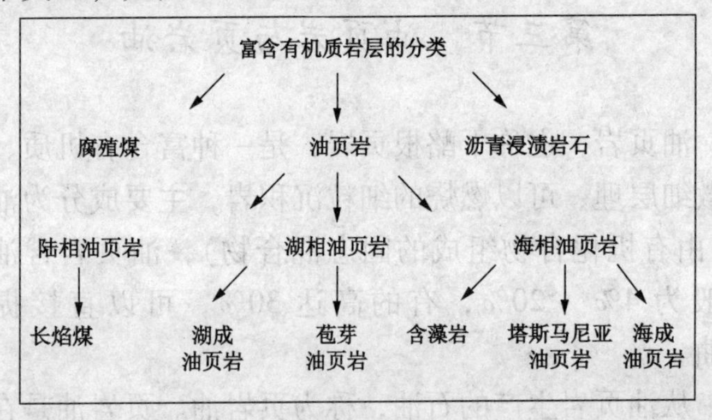

图2－4 富含有机质的岩石分类

①陆相油页岩。有机质是由富含脂质的有机物组成，主要由树脂、袍子、蜡质表皮和常见于成煤湿地或沼泽的陆源植物根径的软组织，它们埋藏后经过煤化作用，形成油页岩中的有机质。

②湖相油页岩。有机质母质主要是指生活在淡水、

咸水和盐湖的低等浮游生物藻类，藻类埋藏后经腐化和煤化作用后形成油页岩中的有机质。

③海相油页岩。有机质母质主要是海藻、未知单细胞微生物和海生鞭毛虫所成因的油页岩。

2. 页岩油的资源量与产地

油页岩可采储量是指在目前经济和技术可行的条件下可采出部分的油页岩。

世界上已发现的非常规油气资源大多位于地缘政治相对稳定的西半球，即美国、加拿大和拉丁美洲。美国是全球油页岩资源最丰富的国家，储量约占全球储量的70%以上；加拿大是全球沥青砂资源最丰富的国家，储量约占全球储量的70%以上。目前已知的有600多个油页岩沉积。

对页岩油地质资源量曾有过多次评价，但数据相差很大，而对中国页岩油的地质资源量均评价为极少量。如1973年法国石油研究院发布的数据，中国占世界总量的0.8%；2002年世界能源理事会的评价结果显示，中国仅占世界总量的0.5%；2005年美国能源署也做过评价，美国占世界页岩油总量约70%，而中国极少，但上升到1.5%。

最近的评价是世界能源理事会2010年报告中引用2008年底美国地质调查局（USGS）的评价，世界页岩油总量为6892万亿吨，中国页岩油地质资源量跃居为世界第二位，占世界总量的6.9%，仅次于美国（77.9%），见表2-4。

表2-4 页岩油地质资源量居世界前九位的国家

	国家	百万吨	占世界/%		国家	百万吨	占世界/%
1	美国	536931	77.9	6	意大利	10446	1.5
2	中国	47600	6.9	7	约旦	5242	0.8
3	俄罗斯联邦	35470	5.1	8	澳大利亚	4531	0.7
4	刚果民主共和国	14310	2.1	9	爱沙尼亚	2494	0.4
5	巴西	11734	1.7	世界总计		689277	100

油页岩质量评价的主要指标为有机碳、产油率和油转换比。油页岩沉积可发生在许多不同的环境，因此，主要指标会有很大的变化，见表2-5。

表2-5 油页岩沉积性质

国家	位置	类型	地质年代	有机碳/%	产油率/%	油转换比/%
澳大利亚	格伦戴维斯	块煤	二叠纪	40	31	66
	塔斯马尼亚	塔斯曼油页岩	二叠纪	81	75	78
巴西	爱让梯	海成油页岩	二叠纪	—	7.4	—
	帕拉伊巴山谷	湖页岩	二叠纪	13~16.5	6.8~11.5	45~59
加拿大	新斯科舍	湖成油页岩	二叠纪	8~26	3.6~19	40~60
中国	抚顺	烛煤，湖页岩	始新世	7.9	3	33
爱沙尼亚	爱沙尼亚沉积	含藻岩	奥陶纪	77	22	66
法国	圣伊莱尔省 欧丹	苞芽油页岩	二叠纪	8~22	5~10	45~55
	塞维拉克 克雷维利	—	侏罗纪早期	5~10	4~5	60

续表

国　家	位　置	类　型	地质年代	有机碳/%	产油率/%	油转换比/%
南　非	埃尔默洛	苞芽油页岩	二叠纪	44～52	18～35	34～60
西班牙	普埃尔托利亚诺	湖页岩	二叠纪	26	18	57
瑞　典	卡维尔脱珀	海成油页岩	下古生界	19	6	26
英　国	苏格兰	苞芽油页岩	石炭纪	12	8	56
美　国	阿拉斯加	—	侏罗纪	25～55	0.4～0.5	28～57
	绿河沉积	湖成油页岩	始新世	11～16	9～13	70
	密西西比	海成油页岩	泥盆纪	—	—	—

国际上通常指每吨能产出0.034吨以上页岩油的油页岩或者将产油率高于4%的油页岩，称为“油页岩矿”。世界上最大的超过10亿吨油页岩沉积层的位置及地质资源量见表2－6。

表2－6　世界上最大的油页岩沉积(超过10亿吨)

沉积层位置	国家	时　期	油页岩地质资源量	
			百万桶	百万吨
绿河地层	美　国	第三纪	1466000	213000
磷酸盐地层	美　国	二叠纪	250000	35775
东部泥盆纪	美　国	泥盆纪	189000	27000
健康地层	美　国	早石炭世	180000	25578
奥列尼奥克盆地	俄罗斯	寒武纪	167715	24000
刚果	刚　果	—	100000	14310
伊拉梯地层	巴　西	二叠纪	80000	11448

3. 油页岩的开采与生产

油页岩是一种不透水的含油矿石，开采油页岩最早的工艺可追溯到公元10世纪，叙利亚物理学家马尔蒂尼尝试从油页岩中提取页岩油。1684年英国正式授予第一项页岩油提取专利。1835年法国建成世界上第一座油页岩炼油厂，将油页岩干馏制取页岩油，再制成煤油和石蜡等用于照明。后来，英国、德国、西班牙等相继发展了页岩油生产。20世纪初叶，由于汽车工业发展和第一次世界大战爆发，对汽油柴油的需求增加，西欧页岩油生产得到发展，1937年页岩油产量达50万吨。第二次世界大战后，到60年代，由于页岩油成本无法与廉价的常规石油抗衡，西欧页岩油工业一度衰退。但到21世纪初，随着油价攀升和新技术出现，这才又重新审视页岩油提取工艺。

截至2010年，长期从事采掘油页岩的国家有爱沙尼亚、巴西和中国，其原因是这些国家缺乏石油，为了确保国家能源安全供应，致力于油页岩工业的发展。

页岩油是油页岩干馏的产物。干馏是指固体或有机物在隔绝空气条件下加热分解的反应过程或加热固体物质来制取液体或气体（通常会变为固体）产物的一种方式。

页岩油提取是一种非常规石油的工业生产过程。即将油页岩通过热裂解、加氢或固体化石燃料的热熔法而获得的非常规石油。这些工艺过程将油页岩中的有机物质转化成合成油和合成气。所得的油气可直接用作燃料，作为发电、供热用或加氢和脱除杂质如硫和氮等，炼制出满足炼油厂需要的合格原料。其油页岩和原油炼制的产品均有相同的性能。

现今对油页岩的开采步骤是：把油页岩矿石粉碎成极细的粉末，经过加热处理或者化学处理，便可从油页岩中获得原油。油页岩开采有两种方法：露天表面蒸取法和钻井蒸取法。

初期页岩油提取通常在地面上采矿，然后矿物进入加工厂处理。随着技术发展，出现地下加工，即将热量注入地下从油井中提取石油。

4. 提取页岩油的工艺原理

从油页岩提取页岩油的工艺是将油页岩分解，并将油母岩质转化为页岩油，类似于合成原油。这个过程采用热裂解、加氢或固体化石燃料的热熔蚀法。提取过程的效率评价通常是采用费歇尔评价法来比较各种方法的产油率。

费歇尔评价法是用油页岩按常规提取页岩油方式来评价油页岩产油率的标准实验室方法。即100克油页岩试样粉碎至<2.38毫米的颗粒，在铝制小甑中以12℃/分钟的速度加热到500℃，并在此温度下维持40分钟，蒸馏出的油、气、水等蒸气通过用冰水冷却的冷凝器，然后进入到有刻度的离心管，进行油水分离，从而计算出油页岩的产油率。

油页岩气是一种油页岩热解产生的合成气。虽然它经常称为“页岩气”，但不同于油页岩生产的天然气。

油页岩干馏制油技术可分为：地上干馏法和地下干馏法。

(1)地上干馏

地上干馏是指油页岩经露天开采或井下开采，输送至地面，将油页岩破碎分选后，放入干馏炉内，在隔绝空气的条件下，在干馏段干燥、预热、然后加热到450～600℃干馏后，页岩油被裂解释放出来。所剩余的页岩半焦进入汽化阶段，并进行氧化还原反应，生成的页岩废渣排出炉外。

地上干馏法可分为内部燃烧法、热循环固体法、隔壁传热法、外部注入热气法和反应流体法，目前主要利用内部燃烧法和热循环固体法。

①内部燃烧法：内部燃烧法是直接加热油页岩层，采用热裂解提取页岩油的技术。

②热循环固体法：是采用油页岩残灰加热油页岩。此方法通常是采用干馏炉或流化床。油页岩细粉进料，一般直径小于10毫米。循环颗粒在单独容器内加热到800℃，然后与油页岩原料混合，导致油页岩约在500℃分解。固体分离出油蒸气和页岩气，冷却并收集油。在与热循环固体之前，从燃烧气体和油页岩灰回收的热量用于干燥和预热油页岩原料。

因为热固体回收是在单独干馏炉中加热，释放出的油页岩气不被燃烧排放气稀释，该技术的优点是由于粒子小，混合均匀，接触表面积大，可以达到较快的加热速度，油收率高。同时，在干馏炉中加工不限制最小颗粒尺寸，这样就允许利用碎末。缺点是要使用较多的水处理出窑的油页岩细粉。

③隔壁传热法：是将热量通过炉壁传导给油页岩，其优点是干馏炉蒸汽不与燃烧排放气混合，油页岩进料通常是细颗粒。在油页岩燃烧过程中喷入氢气到干馏炉，进行加氢精制，热气环绕着外壳加热。也可采用电加热。该法的优点是可模块化设计，提高适应性和可换性。缺点是外壳采用耐高温的合金，价格昂贵。

④外部注入热气法：从干馏炉外部注入热气，提高油收率。

⑤反应流体技术法：由于油母岩质被页岩紧密束缚并抗拒许多溶剂的溶解，因此，将油页岩在高压氢气氛围中控制加热速率，使碳80%转化。氢与焦炭前体(在干馏过程还没有形成焦炭前的油页岩中的化学结构)反应。这样，油回收率可增加一倍。

阿兰·伯纳姆按照加热方式、热载体和位置，对页岩油提取技术进行的分类见表2－7和表2－8。尽管都是干馏原理，但工艺流程种类繁多。

表2－7　页岩油地上干馏法分类

内部燃烧法	燃气燃烧法/Gas Combustion Retort Process
	NTU法/Nevada－Texas－Utah Retort
	基维特法/Kiviter process
	抚顺干馏法/Fushun process
	联合A法/Union process
	帕拉厚直接法/Paraho process
	超级直接法/Superior multimineral process

续表

热循环固体法	ATP 法/Alberta Taciuk process
	噶咯特法/Galoter process
	爱沙尼亚干馏法/Eesti Energia
	鲁奇－鲁尔法/Lurgi － Ruhrgas process
	多斯科Ⅱ法/TOSCO Ⅱ process
	雪弗龙 STB 法/Chevron STB process
	劳伦斯 HRS 法/Chevron STB process
	壳牌颗粒热交换法/Shell Spher process
	肯塔基Ⅱ法/KENTORT Ⅱ
隔壁传热法	蓬弗顿法/Pumpherston
	提油技术法/Oil－Tech process
	红色叶资源法/Red Leaf Resources
	燃烧资源法/Combustion Resources
外部注入热气法	皮特罗克息法/Petrosix
	联合 B 法/Union process
	帕拉厚间接法/Paraho process
	超级间接法/Superior multimineral process
反应流体技术法	IGT 加氢干馏法/Hytort process
	蓝旗技术法/Blue Ensign Technologies
	查塔奴格法/Chattanooga Corporation

注：可将每种方法后面的英文名称输入 http：//en. wikipedia. org 的搜索框内，即可找到该法相关的内容。

（2）地下干馏

地下干馏是指埋藏于地下的油页岩不经开采，直接在地下加热干馏，生成页岩油导至地面。地下干馏生成的油气容易向地下岩层串漏，故收率不高，且易导致污染。

地下干馏法，又称原地干馏法，也可分为内部燃烧法、隔壁传热法、外部注入热气法、反应流体法等。

①内部燃烧法：油页岩层从外部鼓入氧气，地下内部自行燃烧，逸出页岩油蒸气和页岩气。

②隔壁传热法：钻垂直井，热流通过垂直井给油页岩层传导热量，油气从生产井逸出。

③外部注入热气法：油页岩层从外部鼓入天然气，从地下外部供热燃烧，逸出页岩油蒸气和页岩气。

此外，地下干馏法还有正在研制的等离子气化法和体积加热法，即采用无线电波、微波和电流法回收页岩油，但尚处于试验阶段。

表 2－8　页岩油地下干馏法分类

内部燃烧法	劳伦斯 RISE 地下干馏法/LLNL RISE process
	里奥布兰科地下干馏法/Rio Blanco Oil Shale Company
隔壁传热法	壳牌 ICP 干馏法(基本法)/Shell′s in situ conversion process
	美国 AMSO 干馏法/American Shale Oil，LLC
	IEP 干馏法/Independent Energy Partners
外部注入热气法	雪弗龙 CRUSH 地下干馏法/Chevron CRUSH
	欧门尼页岩干馏法/Omnishale process
	西部山区能源干馏法/Mountain West Energy
反应流体	壳牌地下转化干馏法

一般，一个干馏炉每天可处理 400 吨油页岩。世界上最大的干馏炉是 Petrosix 油页岩立式热裂解干馏炉，是巴西石油股份有限公司开发的，1992 年开始运行，直径 11 米，上部热裂解，下部是页岩焦冷却部分。每

天干馏油页岩 6200 吨，额定日产 3870 桶页岩油（即 550 吨油，约 11 吨油页岩产 1 吨油），以及 132 吨油页岩气、50 吨液化油页岩气和 82 吨硫黄。

5. 中国的页岩油生产

1880 ~ 2010 年世界主要油页岩生产国的油页岩生产情况见图 2 – 5。中国的页岩油是重要的非常规石油的来源，根据世界能源理事会（WEC）2010 年预测，中国油页岩总资源量为 7200 亿吨，分布在 47 个油页岩盆地的 80 个沉积层，相当于 476 亿吨（约 3540 亿桶）页岩油（见表 2 – 4）。中国 2008 年《全国油页岩资源评价结果》显示，油页岩资源量为 7199 亿吨，页岩油资源量 476 亿吨，可回收资源为 120 亿吨。两种评价结果相差不大。油页岩埋深 500 米以浅的资源量约为 500 亿吨，埋深介于 500 ~ 1000 米之间的资源量为 2500 亿吨。

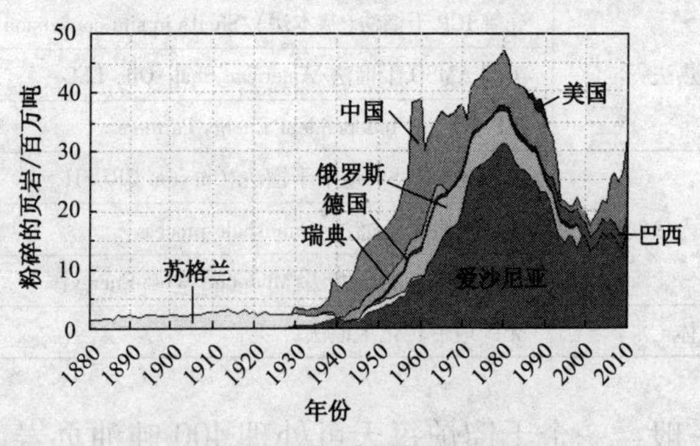

图 2 – 5　1880 ~ 2010 年油页岩生产

中国油页岩工业于 20 世纪 20 年代建立，许多装置属于抚顺干馏炉。1959 年共有 266 座，页岩油产量达

60 万吨；1960 年后，由于大庆油田的开发，页岩油生产成本较高，产量衰退，80 年代年产量仅约 30 万吨；至 20 世纪 90 年代，页岩油生产一度停顿，2000 年产量仅为 9 万吨。2005 年后，中国成为世界上最大的页岩油生产国。2010 年初报道，抚顺进口了 6000 吨/日 ATP 干馏炉。2011 年生产约 65 万吨页岩油。

中国生产页岩油的公司、地理位置和使用的方法见表 2 –9。

表 2 –9 中国的页岩油生产

公司名称	地理位置	方法
北票煤业有限责任公司	辽宁 北票	内部燃烧法(抚顺干馏法)
大庆石油公司	黑龙江 牡丹江	热循环固体法
抚顺矿业集团	抚 顺	内部燃烧法(抚顺干馏法)、热循环固体法(ATP 法)
吉林成大弘晟能源有限公司	吉林 桦甸	内部燃烧法(改良抚顺干馏法)
辽宁成大	新疆 吉木萨尔县	内部燃烧法(改良抚顺干馏法)
龙化哈尔滨煤化学工业公司	黑龙江 宜兰	热循环固体法
龙口矿业集团	山东 龙口	内部燃烧法(抚顺干馏法)
龙腾能源发展有限公司	吉林 汪清县	内部燃烧法(抚顺干馏法)
窑街煤电集团有限公司	甘肃 窑街	内部燃烧法(燃气燃烧法)

第四节 致 密 油

致密油，也称轻质致密油，是指以吸附或游离状态赋存于相当低的孔隙度和渗透率的生油岩中，或与生油岩互层、紧邻的致密砂岩、致密碳酸盐岩等储集岩中，未经过长距离运移的石油聚集。具有源储共生、连续分布、资源规模大的特点。

致密油中的原油品质与常规油藏相同，都属于成熟的原油；不同的是致密油储层致密，渗透性极差，用常规技术不能经济开发，需要利用水平钻井和多段压裂等技术才能经济开采。

1. 致密油的含义

致密油是蕴藏在孔隙度低和渗透率低的致密岩和页岩的含油层中的石油资源，其开发需要使用与页岩气类似的水平井和多段水力压裂技术。

致密油的含义可分为两种：

①广义致密油。即从致密岩和页岩开采出来的原油，均为致密油。目前多数研究机构、学者使用的"致密油"均指广义致密油。

②狭义致密油。仅指来自页岩之外的致密储层(如粉砂岩、砂岩、灰岩和白云岩等)的石油资源，即只指致密岩中的致密油。目前，北美地区多数致密油区带都可归纳为狭义致密油范畴。

尽管有狭义致密油的含义存在，但实际应用并不广泛，一般只是在研究机构和学者在讨论概念时用到。

2. 致密油的主要类型

致密油可划分为两种主要类型：

①在作为源岩的页岩中的石油资源，与页岩气相似。由于页岩的渗透性差，且其中的微孔隙不能很好的连通，故页岩油藏的储层物性很差。

②从源岩中排出，并运移至附近或远处的致密砂岩、粉砂岩、灰岩或白云岩等地层中的石油资源。与致密气类似，但这类油藏的储层物性比页岩的好很多。

一般，致密油具有4个明显标志：

①大面积分布的致密储层（孔隙度<10%、基质覆盖渗透率<0.1毫达西、孔喉直径<1微米）。

②广覆式分布的成熟优质生油层。

③连续性分布的致密储层与生油岩紧密接触的共生关系，无明显圈闭边界，无油“藏”概念。

④致密储层内原油API重度大于40°或密度小于0.8251克/立方厘米，油质较轻。

3. 致密油储层

致密油是在生产页岩气的地带利用相同的水平井和水力压裂来生产石油，但致密油不应与页岩油和油页岩混淆，其区别是流体的API重度和黏度不同以及提取方式不同，见表2-1。

根据孔隙度与渗透率划分出3类致密油储层。根据致密油层与生油岩层紧密接触的成因关系，确定了3种致密油类型：

①湖相碳酸盐岩致密油；

②深湖水下三角洲砂岩致密油；

③深湖重力流砂岩致密油。

估计全球致密油的技术可采储量为2400亿桶，页岩气为200万亿立方米。亚洲致密油500亿桶，页岩气为57万亿立方米；而北美洲分别为700亿桶和47万亿立方米。

与国外不同，中国将致密油气与常规资源放在一起统计。中国致密油分布广泛，目前在鄂尔多斯盆地三叠系延长组长6－长7段、准噶尔盆地二叠系芦草沟组、四川盆地中－下侏罗统、松辽盆地白垩系青山口组－泉头组等获得了一些重要的勘探发现。分析未来致密油发展前景，运用资源丰度类比法初步预测中国致密油地质资源总量为106.7～111.5亿吨，是中国未来较为现实的石油接替资源。

4. 致密油生产

致密页状砂岩和碳酸盐致密岩是非常规石油的来源，但储层岩必须实施增产措施或压裂措施以提高石油的流动性。水力压裂在石油天然气产业已经使用了60多年，一度被认为是不经济的生产技术，但技术进步帮助从致密油层释放出大量石油。图2－6说明，常规钻井是垂直井，而致密油井是水平井并能够结合多段压裂。

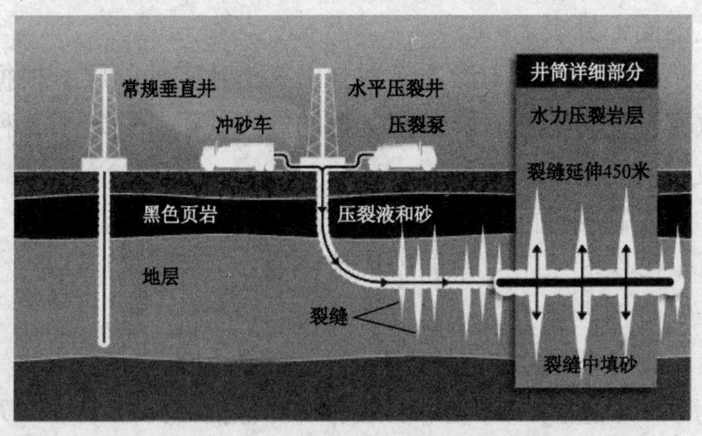

图2－6　常规钻井与多段压裂技术的区别

水力压裂是最常用的储层改造和油气井增产方法之一，也是非常规油气如致密油、致密气、页岩气等重要的开发手段。其工艺过程是用压裂车，把高压、大排量、具有一定黏度的液体挤入油气层，当把油气层压出许多裂缝后，加入支撑剂(如石英砂等)充填进裂缝，在井底形成足够的高压并有效地压开地层，并确保已经压开的裂缝不再闭合，使其保持一定的裂缝开度，以提高油气层的渗透能力，从而增加油气产量。

水力压裂后油气井增产的原因是：

①压裂造缝，可以穿透井底附近地层的低渗透带或污染、堵塞带，能促使油气井与外围的高渗透储层相沟通，使油气源供给范围和能量都得到显著增大，特别是在非均质的砂岩储层中和裂缝性的碳酸盐岩储层中。

②改变了油气井周围流体渗流的流态，压裂前油气井属平面径向流，而压裂后由于形成了通过井点的高传导大裂缝，井底附近地层中的流体将以单向流和管流为主。

在碳酸盐岩油气藏中，压裂一般是与酸化结合来实施的，即酸化压裂工艺技术。砂岩油气藏的低渗透改造则适宜采用水力加砂压裂工艺技术。

实际突破是引入长驱的水平钻进(高达 2 ~ 3 千米)，结合多段水力压裂，并能够系统分隔和压裂的地带。工艺过程的实质是泵送流体，流体可以是水、石油、气体如氮、二氧化碳或支撑剂(如砂或陶瓷珠)下到井筒，以增加压力直到地层裂开，建立微裂状的交错网络。随后，在压裂地层，注入支撑剂留在裂缝中撑开使缝隙不合拢，致密油流入井筒。如果没有支撑剂，上面岩石的压力会使细小裂缝关闭，影响石油流动。

目前，美国对页岩气的勘探开发已进入快速发展阶段，同时也带动了页岩地层内致密油的开发。美国是目前开采致密油最成功的国家，致密油生产都靠近页岩气产区。

第三章　非常规天然气

第一节　非常规天然气的简介

天然气是指在地表以下、孔隙性地层中、天然存在的烃类和非烃类混合物。

从狭义来说，天然气指按常规钻井方式从圈闭的气藏中获得的常规天然气。这种天然气是在组分上以烃类为主，并含有一定的非烃类组分的气体。非烃类气体大多与烃类气体伴生，但在某些气藏中可以成为主要组分，形成以非烃气体为主的气藏。这类狭义天然气主要有煤生气和油田伴生气。

从广义来说，天然气指自然界地壳中存在的一切气体，包括岩石圈中各种自然过程形成的气体，如致密气、煤层气、页岩气、天然气水合物、水溶性天然气等。这类天然气不是按照常规钻井方式而得到的，称为非常规天然气。

根据国际能源署的定义，非常规天然气是指比常规天然气开采难而且成本高的天然气。非常规天然气难以用传统石油地质理论解释，在地下的赋存状态和聚集方式与常规天然气藏具有明显差异。

从商业价值来看，目前非常规天然气资源仅指致密气、煤层气和页岩气。这三种天然气通过政府优惠政策，可获得经济效益。其次，还有天然气水合物和水溶性天然气，这两种水中存在的天然气目前尚无经济价值。

1. 天然气生成机理

自然界中天然气的生成机理有多种，但可分为两种不同过程：生物成因和热成因（有机质的热降解）。

生物气是由有机物沉积在浅层经低温厌氧分解而成的。相反，热成因气在深层形成：

①有机物沉积热裂解转化成烃类液体和气体，这种气体是伴随石油而成的，也称为“首级”热成因气；

②原油在高温热裂解转化成天然气（也称“次级”热成因气）和火成沥青。

生物气是干气，几乎全部是甲烷。相反，热成因可以是干气，也可以是含有明显量的“湿气”组分（乙烷、丙烷和丁烷）和凝液（C_{5+}碳氢化合物）。

这两种气体是（生物成因气和热成因气）进入孔隙率和渗透率极低的致密层的、没有运移或运移很短的天然气，即为非常规天然气。

依天然气存在的相态可分为4类：

①游离态。指煤生气和油田伴生气；

②溶解态。指溶解于油层和水层的天然气；

③吸附态。指煤层气、页岩气；

④固态。指天然气水合物。

游离态和溶解态为常规天然气，而吸附态和固态为非常规天然气。

2. 非常规天然气的性质

从天然气资源金字塔（图 3－1）可以看出，储层级别越低，就意味着渗透率降低，开采程度越困难。这种低渗透气藏按致密气→煤层气→页岩气→天然气水合物顺序递降，其储量却也按此顺序增加，都比高渗透的常规天然气藏丰富得多，而天然气水合物广泛分布在海底，虽然开采难度远比前三者难，但储量极为丰富。

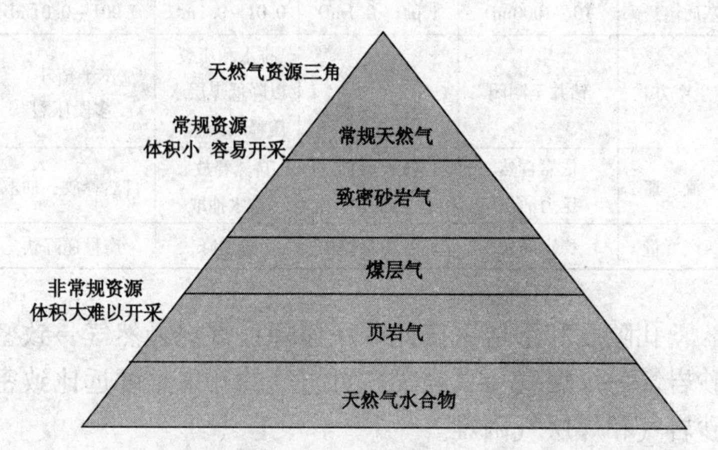

图 3－1 天然气资源金字塔

非常规天然气具有分布在渗透率低的岩层中的特点。世界上表示岩石渗透率的常用单位是“达西（Darcy，缩写 D）”，其单位换算：

$1D \approx 9.87 \times 10^{-13} m^2 \approx 10^{-12} m^2$；$1mD \approx 10^{-15} m^2$；$1\mu D \approx 10^{-18} m^2$

表3－1说明非常规天然气储层特性，可以看出：

表3－1　非常规天然气储层特性

参　数	常规天然气储层	致密气砂岩储层	煤层气储层	页岩气储层
天然气生成	气源外部运移	气源外部运移	天然割离裂缝发育	自生自储
天然气状态	游离气	游离气	吸附气为主	游离气＋吸附气
储 存	圈闭储存	圈闭储存	不需圈闭，吸附在煤基质上	不需圈闭，吸附在有机质上
储层孔隙	>10%	3%～10%	3%～6%	0.5%～12%
基质渗透率	10～1000mD	1 μD～0.1mD	0.01～0.1mD	0.001～0.01mD
生产方式	钻井至圈闭	压裂、酸化、注水	排水和压裂以降低煤层水压释放天然气	水平钻井、多段压裂
流　速	依靠自然压力涌出	压裂后自然涌出	自然释放、排水抽取	自然释放、抽取
产　量	稳定期长	产量递降较快	产量递降快	产量递降快

孔隙度和渗透率按此顺序递降：常规天然气→致密砂岩气→煤层气→页岩气。页岩气的开采难度远比致密砂岩气和煤层气困难。

天然气生产成本按此顺序递增：常规天然气→致密砂岩气→煤层气→页岩气→天然气水合物。页岩气的生产成本远比致密砂岩气和煤层气高。

非常规天然气对环境污染按此顺序递增：常规天然气→致密砂岩气→煤层气→页岩气→天然气水合物。页岩气开采属于严重污染范围。

3. 非常规天然气资源量

根据美国能源情报署引用 H－H. Rogner“世界油气资源评价”对全球非常规天然气资源的估计如表 3－2。除了天然气水合物以外，全球非常规天然气地质资源约为 915 万亿立方米，从天然气资源金字塔可见，页岩气最多，为 456 万亿立方米，煤层气为 255 万亿立方米，致密砂岩气 204 万亿立方米。最大的资源在北美洲，其次在澳大利亚和亚洲。

表 3－2　全球非常规天然气资源　　万亿立方米

项　目	页岩气	煤层气	致密气	总计	占世界总量/%
中亚/中国	99.8	34.4	10.0	144.2	15.8
欧　洲	15.5	7.8	12.2	35.5	3.9
前苏联	17.7	112.0	25.5	155.2	17.0
拉丁美洲	60.0	1.1	36.5	97.6	10.7
中东/北非	72.1	0	23.3	95.4	10.4
北美洲	108.7	85.4	38.8	232.9	25.5
太平洋地区(OECD)	74.3	13.4	35.9	123.2	13.5
撒哈拉以南非洲	7.8	1.2	22.2	31.2	3.4
世界总计	455.9	255.1	204.4	915.4	100.0

4. 天然气开采

依天然气分布的特点可分为聚集型和分散型。目前主要是对游离态的天然气经过聚集形成天然气藏，人们才能开发利用。

聚集型天然气可以是气顶气（在油藏顶部聚集成气

顶）、气藏气（由游离天然气聚集形成的气藏）和凝析气（在超过临界温度和压力下，液态烃逆蒸发而形成的天然气藏）；但也有个别地区已对煤层气和水溶型天然气资源进行开发。

当今世界大规模开发并为人们广泛使用的天然气是石油系天然气。即指与石油成因相同，并与石油共生成或单独存在的可燃气体。与原油共生的，称为“伴生气”，包括溶解于原油的溶解气及与原油相接触的气顶气。不与石油伴生而单独存在的称为“非伴生气”，包括储层只产气的气层气，储层中仅含有很少量油的凝析气等。

随着水平井技术和压裂技术的进展，非常规天然气资源也逐步进入技术可采和经济可行的范围。致密砂岩气、煤层气、页岩气和天然气水合物都比常规天然气丰富，其分布见图3－2。页岩气属于分散性的非常规天然气，开发难度大，开采成本高。随着水平钻井和地层

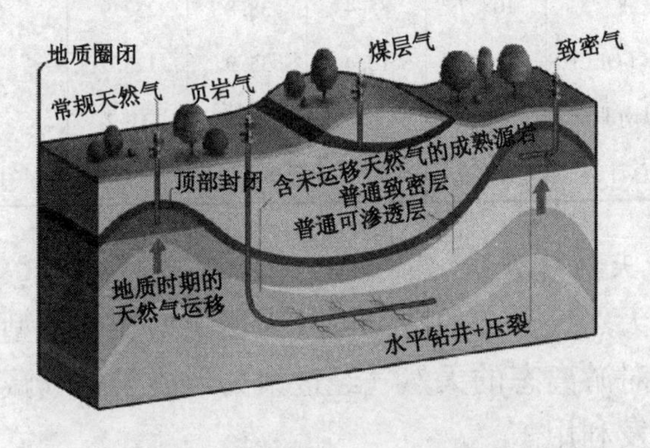

图3－2　非常规天然气的分布

压裂的技术突破，使得页岩气经历革命性的变化，使其成为具有商业价值的能源。目前供应的天然气有相当部分来自于非常规天然气。

第二节 致密砂岩气

致密砂岩气是指覆压基质渗透率小于或等于0.1毫达西（1毫达西≈10^{-12}平方米，余同）的砂岩气层，单井一般无自然产能或自然产能低于工业气流下限，只有经过大型水力压裂改造措施，采用水平井、多分支井，才能获得具有经济价值的产量。由于需要钻定向井并进行压裂酸化及其他处理工艺，才能够从低渗透储层中采出，故开采费用高。这种天然气的开采通常要得到政府的优惠政策。

常规天然气的形成趋向于第三纪盆地（240～6500万年），而致密气的形成更古老。致密气沉积约在2.48亿年前，通常出现在古生代地层。随着时间的推移，岩石被压实、胶结、重结晶，这些经历降低了岩石的渗透率。

1. 致密气性质

低渗透的致密储集层气藏是非常规气藏的一种。美国联邦能源管理委员会（FERC）在20世纪80年代曾对低渗透储集层，特别是低渗透含气砂岩的致密性做过定量规范。按FERC标准，气藏储气层段平均渗透率等于或小于0.1毫达西的，属于低渗透储集层，也可称为致密含气砂岩，并以此作为是否给予生产商税收补贴的标准。

致密气性质：

①基质渗透率在1微达西至0.1毫达西之间。

②有效孔隙率在3%～5%至15%～20%之间。

③通常在实施增产措施之前，没有或有限自然流动。最初流动少于15.0立方米/日。

图3－3说明致密气与页岩气的渗透率差异。常规天然气渗透率在1毫达西～1达西之间，而页岩气其渗透率在1纳达西～1微达西之间。

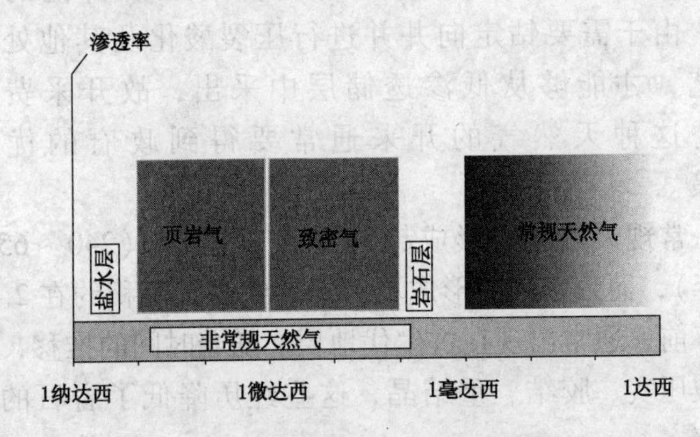

图3－3　致密气和页岩气的渗透率差异

根据中国石油天然气行业标准 SY/T 6168—1995《气藏分类》规定的划分，有效渗透率≤0.1×10^{-3}平方微米为致密气藏（见表3－3）。这种划分与FERC标准相同。

表 3－3　中国气藏按储层物性的分类

类　型	有效渗透率/10^{-3}平方微米	绝对渗透率/10^{-3}平方微米	孔隙度/%
高渗气藏	>50	>300	>20
中渗气藏	>10 ~ 50	>20 ~ 300	>15 ~ 20
低渗气藏	>0.1 ~ 10	>1 ~ 20	>10 ~ 15
致密气藏	≤0.1	≤1	≤10

2. 致密气藏的特点

致密气藏有三个特点：

①分布的隐蔽性，常规的勘探方法难以发现；

②短期内难以认识并作出客观评价；

③产能发挥程度的大小或是否能够进行工业性开采，必须经过在当前技术经济条件下的特殊工程处理，方可成为可采储量。

3. 致密气藏开采特征

低渗透致密砂岩储层的开采特征如下：

①增产改造是发现气藏并形成工业性气流的重要手段。低渗透致密气藏由于储集岩的岩相、岩性变化大，产层的厚度极不稳定，很难找准产层部位。即使钻井通过产层，也因渗透率太低而往往被错过，如美国 Cauthage 气田，1937 年已钻穿棉花谷致密砂岩层，仅有轻微的气流显示。1955 年首次酸化压裂该层，天然气日产量达 340 万立方米；1976 年后采用大型水力加砂压裂后，成为美国最大的气田之一。

②具有边勘探边开发的特性。致密砂岩气藏初期多为“有气无田”，往往由探井发现有气显示，经大型压

裂产出工业性气流后再转入开采，然后在此井的周围加大布井密度，随着资料的积累，加深对储层的认识，逐步向外扩大含气面积和增加储量，形成不同的井组和区块，最后才形成气田。

③自然能量补给缓慢。由于孔隙度和渗透率太低，致密气藏的单井产量也很低。经酸化和水力压裂增产后，产气量递减很快。

④基质孔隙与裂缝之间流体窜流。在裂缝－孔隙型储气层中，基质孔隙与裂缝之间的流体窜流是渗流过程的主要特性。

⑤天然气价格是控制开发速度的决定因素。低渗透致密气藏由于勘探开发费用远远高于常规气田，因此除了勘探开发技术进步外，天然气价格是控制开发速度的决定性因素。

因此，美国能源部对可工业开采的致密气层的界定标准为：

①用常规手段不能进行工业性开采，无法获得工业规模的可采储量；

②含气砂岩的有效厚度下限为30米，含水饱和度低于65%，孔隙度5%~15%；

③目的层埋深1500~4500米；

④产层总厚度至少有15%为有效厚度；

⑤可勘探面积不少于31平方千米；

⑥产气砂岩不与高渗透的含水层互通。

为了满足快速增长的天然气市场，致密气层必须改进渗透率，因此，致密砂岩气的开采必须采用定向丛式钻井，使其裂开大片致密气地层，以便致密气流入井筒。丛式井，又称密集井、成组井，即在一个位置和限定的井场上，向不同方位钻数口至数十口定向井，使每口井沿各自的设计井身轴线分别钻达目的层位，用于致密砂岩气层，再加上水力压裂，以获得流体通道畅通。这可节省大量投资，占地少，并便于集中管理，见图 3－4。

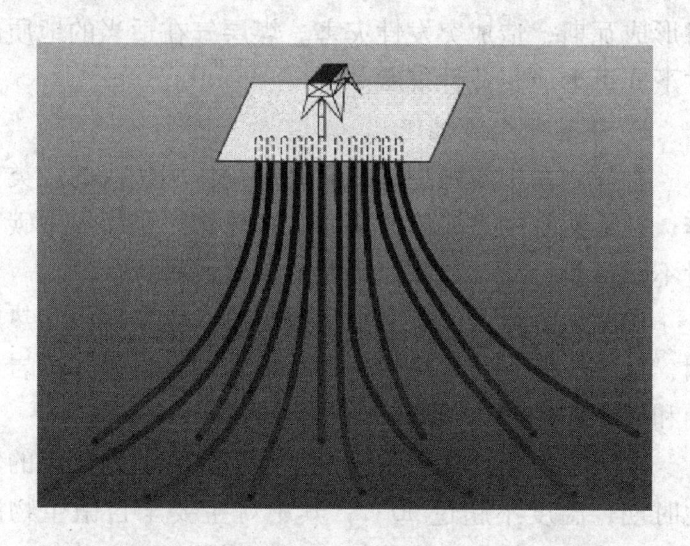

图 3－4　丛式定向钻井

4. 致密气分布

全球致密砂岩气分布参见表 3－2。世界致密气资源量约 204 万亿立方米，占全球非常规天然气资源的 22%，主要分布在北美洲和拉丁美洲。

第三节 煤 层 气

煤层气是非常规天然气的一种，亦称“煤层甲烷气”。这是一种储存在煤层的微孔隙中的、基本上未运移出生气母岩的天然气；属典型的自生自储式的气藏。由于煤层一般致密，透气性差，吸附性强，因此不易解析出气体，有时有部分呈游离状态集中在煤层中，采煤时形成瓦斯，造成突发性灾害。煤层气在适当的地质条件下亦可形成工业性气藏。

1. 煤层气生成机理

含煤岩系中腐殖型有机质经煤化作用生成的烃类气体，是天然气的重要组成部分。煤化作用是指煤中碳含量不断富集，氧、氢和氮不断减少的过程。

通常认为煤成气有两种生成机理：生物成因和热成因，这主要取决于煤化作用的程度，即又可分为成岩作用和后生作用两个阶段。

①成岩作用。成岩阶段发生在植物残骸向泥煤的转化时期，温度不超过50℃，其甲烷主要来自微生物的分解，称为生物成因甲烷气，一般不具有工业价值。

②后生作用。大部分甲烷形成在后生阶段。随着埋深增加，煤层温度和压力不断增高。其甲烷主要来自有机物的深成热解作用，因而形成热成因甲烷气。在适当的地质条件下亦可形成工业性气藏。

在褐煤向烟煤转化的过程中，每吨煤可以生成甲烷约200立方米，从煤层向其他地层初次运移，于是出现两种情况的煤成气：

a. 煤生气。聚集部分可形成工业气藏，为常规天然气。

b. 煤层气。吸附保留在煤层中，为非常规天然气。

2. 瓦斯及瓦斯矿井等级

瓦斯爆炸属可燃性气体的爆炸，是在明火存在的情况下，可燃气体如天然气（甲烷）、乙烷、丙烷、丁烷或氢等泄漏引起的，但瓦斯爆炸通常是指煤矿中的煤层气（主要是甲烷）爆炸：当空气中甲烷浓度为5%～16%时，遇明火爆炸并产生冲击波的现象。瓦斯爆炸具有强大的机械破坏作用，并产生有毒气体（如一氧化碳等）和爆炸火焰，导致重大灾害。

煤和瓦斯突出是“煤和瓦斯突然喷出”的简称。煤和瓦斯突出从煤层内向采掘空间突然喷出大量碎煤和瓦斯（甲烷或二氧化碳）的动力现象。强烈的煤和瓦斯突出会导致冒顶、窒息和人员伤亡等严重事故。可采取保护层开采、合理布置巷道和回采工作面、瓦斯抽排、超前支架、震动性放炮等措施来防止突出事故。因此，抽排煤层气并作为能源来利用历来是政府关心的议事之一。

我国是世界上煤与瓦斯突出最严重的国家之一，也是世界上最大的煤层气排放国家，煤层气年排放量约为80～100亿立方米，我国占全球煤层气排放量的1/4。瓦斯爆炸和突出一直是我国煤矿的主要事故，而抽放煤层气是减少矿井甲烷涌出量、防止瓦斯事故的根本性有效措施。我国煤矿区煤层气回收利用前景广阔，具有保护全球环境，改善煤矿安全和增加新能源等多重效益。

瓦斯矿井等级是按矿井平均每产1吨煤所涌出的瓦斯(煤层气)量和涌出的形式来划分矿井等级。中国《煤矿安全规程》规定，只要有一个煤层或岩层中发现过一次瓦斯，该矿井即为“瓦斯矿井”，并依照瓦斯矿井的工作制度进行管理。瓦斯矿井等级划分为:

①低瓦斯矿井。平均每产1吨煤涌出瓦斯量10立方米及以下，或者只有一个煤(岩)层发现过瓦斯的矿井。

②高瓦斯矿井。平均每产1吨煤涌出瓦斯量10立方米以上，或者定为煤(岩)与瓦斯突出的矿井。

3. 煤层气资源量

世界上各机构对煤层气资源量评价很多，虽各有不同，但中国煤层气资源量一般均居第三、四位。全球煤层气资源可参见表3－2，全球煤层气占非常规天然气总量的27.8%。

2008年中国第三次资源评价的煤层气资源数据显示：全国埋深2000米以浅煤层气的地质资源量为36.8万亿立方米，1500米以浅煤层气的可采资源量为10.9万亿立方米。

4. 煤层气的抽排

煤层气抽排指抽出煤矿矿井中的煤层气，以防止事故并供利用。煤矿矿井中煤层气的涌出量很大，靠通风难以稀释排除时，可采用抽排的方法。

抽排工艺是在地面建立瓦斯泵站，经井下抽排瓦斯管道系统与抽排钻孔连接，泵运转时造成负压，将瓦斯抽排，送入瓦斯罐或直接供给用户，见图3－5。

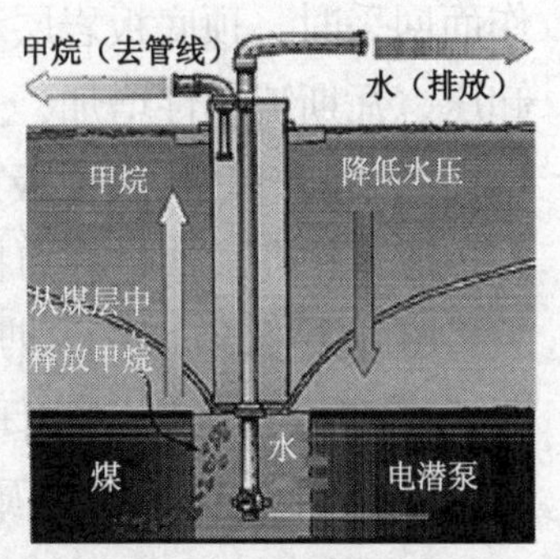

图3－5　煤层气抽排

为了抽取煤层气，钻孔进入煤层(地下100～1500米)。煤层气处在原始状态下，与水在同一个压力系统内，但开采后，气和水不断从井底涌出，井底压力低于煤层气压力，煤层气和产出水从四面八方流向井底，井底附近的压力变化值呈漏斗状，这称为压降漏斗。煤层气进入压缩机站，并进入天然气管道输送。由于产出水中杂质多，根据情况回注入隔离层、排入河流、用于灌溉或发送到蒸发池。

煤层气井比常规气井生产效率低，一般日产8500立方米，约0.1立方米/秒，初始成本却很高。

从煤层气井抽出的天然气必须经过脱水干燥后，才能输入管线到用户。

按瓦斯来源不同，可分为三种抽排方式：

①抽放煤层本身的瓦斯。开采瓦斯含量高的厚煤层时，瓦斯主要来自开采层本身，可从底板岩石巷道打穿透煤层，钻孔中插入钢管并将孔口周围密封，瓦斯从插管中抽出。因抽放超前于掘进、回采，使采掘工作减少了瓦斯的威胁，此法又称“钻孔预抽瓦斯”。

②抽排邻近煤层中的瓦斯。在多煤层矿井，用长壁工

作面回采时，顶底板岩层和煤层(包括可采层和不可采层)卸压，瓦斯流动性增加，大量涌入工作面，危及生产。通常在回采前打钻孔到顶板或底板的邻近煤层，回采后瓦斯大量流入钻孔，通过孔口插管，将瓦斯抽出。

③抽排采空区的瓦斯。有的矿井采空区大量涌出瓦斯，可在采空区周围密闭墙上插入钢管；也可以从巷道向采空区打钻孔，抽放瓦斯。

5. 影响煤层气回收率的因素

煤层属性直接影响煤层气回收率。

①煤层的孔隙度通常很小，一般范围为3%～6%。

②吸附能力是很重要的因素。煤的吸附能力定义为每质量单位的煤所吸附的气体体积，通常用“标准立方米天然气/吨煤”来表示。吸附能力取决于煤级和质量，许多煤层吸附能力范围为2.5～22.5立方米/吨。当煤层开采时，裂缝空间的水分首先泵出，导致压力降从而提高天然气从母岩的脱附能力。图3－6说明，随着煤

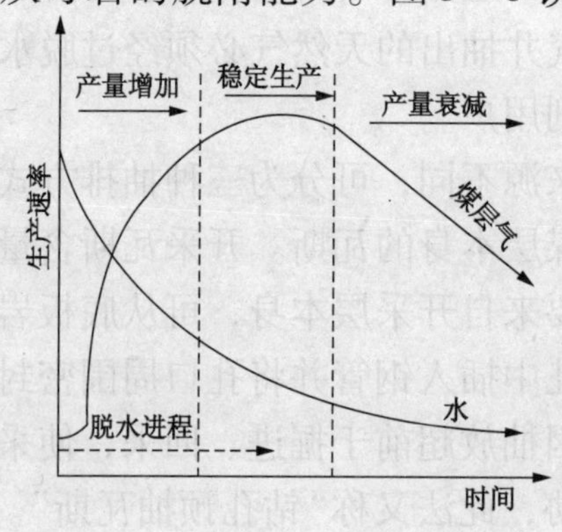

图3－6 煤层气产量与抽水量的关系

层气井抽水量降低，煤层气产量会经历从产量增加→稳定生产→产量衰退的阶段。

③裂缝渗透率。裂缝渗透是煤层气进入主流的通道。渗透率越高，煤层气产量就越高。美国的煤层气其渗透率范围是0.1～50毫达西。储层裂缝的渗透率随着开采应力而变化。工艺过程和应力敏感的渗透率对煤层气生产和增产起着重要作用。

其他影响参数还包括煤密度、初始气相浓度、临界气饱和度、束缚水饱和度、相对渗透率等条件。

6. 增强煤层气采收率

增强煤层气回收率的含义是从煤层生产额外多的煤层气方法，类似于从油田提高油收率。通过工程设计和地质规划，这项新技术将适用于全球深层可开采煤藏并储存大量的二氧化碳。

二氧化碳(CO_2)注入烟煤层中占据孔隙空间并吸附在煤上，又以两倍速度排挤甲烷(CH_4)，使CO_2具备潜在提高煤层气收率的能力(见图3－7)。在提高煤层气

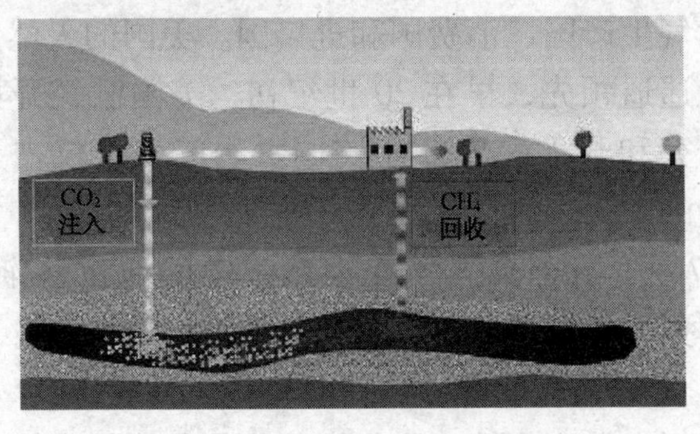

图3－7　CO_2增强煤层气回收率

采收率的同时实现 CO_2 的地质封存，带来经济效益的同时也实现了对环境的保护。但这种方法如果没有政府经济优惠措施，增加的收率仍然不足以抵消成本。

第四节 页岩气

页岩气是从束缚在页岩层中开采出来的非常规天然气。这种非常规天然气以吸附或游离状态存在于页岩层。与常规储层气藏不同，页岩气分散在页岩中，页岩既是天然气生成的源岩，也是聚集和保存天然气的储层。因此，有机质含量高的黑色页岩、高碳泥岩等常具有最好的页岩气发育条件。页岩气层的特点是具有吸附气体的能力，与煤层一样，但孔隙中有自由空间，这不同于煤层没有大孔隙。页岩气层的吸附气与页岩有机质成比例；游离气与有效孔隙率和孔隙中的气体饱和度成比例。

美国天然气工业发展到目前，已经成为世界上最大的天然气生产国、消费国和进口国。美国的天然气开采技术也遥遥领先，早在20世纪初，美国已经开始页岩气的研究和开采。1990年美国页岩气生产仅占天然气总产量的1%，2012年占到27%，预计到2035年可跃升到47%。由于页岩气在天然气中的地位逐渐重要，致使有页岩气资源的国家加大开发力度。

1. 页岩气的地质特征

①页岩气为连续型聚集。页岩气是连续生成的生物

化学成因气、热成因气或两者混合而成的富含有机质(0.5%~25%)的石油源岩气。页岩气具有普遍的地层饱含气性、隐蔽聚集机理、多种岩性封闭和运移距离短的特点，即页岩气在天然裂缝和孔隙中为连续型气藏。游离气与吸附气并存，其中部分页岩气含少量溶解气。

②页岩气为源岩层系聚集。页岩气是天然气生成之后在源岩层内就近聚集的结果，表现为典型的“原地”成藏模式。页岩气藏的形成是天然气生成后，未排出源岩层系，大规模滞留在源岩层系中形成的。由于储集条件特殊，天然气在其中以多种相态存在。

源岩层系油气聚集除页岩气外，还包括致密气、煤层气、页岩油和致密油。源岩区的油气聚集都是连续型油气聚集，属于非常规油气。分布广、资源丰度低、开发难度大、技术要求高是其普遍的特点。

2. 页岩含气量和影响因素

(1)页岩含气量

页岩含气量是指每吨岩石中所含的天然气折算到标准温度和压力条件下(101.325千帕，25℃)的天然气总量，包括游离气、吸附气、溶解气等。

富有机质页岩含气量的大小取决于生烃量和排烃量，即页岩含气量=生烃量-排烃量。其中，生烃量受有机质的类型、含量和成熟度的控制；排烃量主要受排烃门槛高低的控制，突破压力大，排烃门槛高，则在相同的生烃条件下，页岩含气量高。

若页岩地层处于正常流体压力状态，在1150米以浅，特别是在700米以浅，页岩气中的吸附气含量随着深度增加而明显增加；在1150米以深，吸附气含量增加缓慢；在2000米以深，吸附气增加量已经不明显。而游离气随着埋深的增加表现出平稳增加的趋势，波动比较小。在1150米左右，游离气和吸附气的含量基本相等，之后，随着埋深的增加，游离气含量逐步增加，在埋深达到2800米左右时，游离气达到吸附气的2倍以上。总体上表现出在1150米以深，页岩气的存在状态主要以游离气为主的趋势。

(2)页岩气的储集空间

页岩气的储集空间包括孔隙和微裂隙。页岩中的孔隙以有机质生烃形成的孔隙为主，如果页岩有机质质量分数为7%，则体积分数为14%。若这些有机质有35%发生转化，则会使岩石增加4.9%的孔隙空间。

页岩在生烃过程中，随着烃类生成量的增加，内压增大，当达到突破压力后，会形成大量的微裂隙，为烃类排出提供通道，同时也形成新的储集空间。在成岩过程中，矿物相的变化也会使微裂隙形成。构造活动过程中也会形成大量的微裂隙。

(3)影响页岩气含量的因素

①压力、温度。富有机质页岩含气量总体随压力的增加而增加，其中，吸附气在低压条件下增加较快，当压力达到一定程度后，增加速度明显减缓，而游离气仍然在明显增加，并成为页岩气的主体。温度升高会降低富有机质页岩的吸附能力，任何富有机质页岩在高温条

件下吸附能力都会明显下降，温度升高1倍，吸附能力下降近2倍。即随着地温的不断升高，富有机质页岩的吸附能力不断下降，游离气的比例不断增加。

②有机质含量。有机质含量直接影响含气量，有机质含量越高，含气量越大。两者具有近似线性的相关关系，相关程度很高。

③其他因素。如岩石的湿度、有机质类型、黏土矿物含量、地层水矿化度等，对富有机质页岩的含气量也有不同程度的影响。其中，干岩石的含气量明显高于“湿”岩石；伊利石的吸附能力高于蒙脱石，高岭石的吸附能力最弱。而地层水矿化度对生物成因页岩气的含气量有明显的影响。

从以上富有机质页岩含气量的影响因素看，页岩气的聚集和保存也是需要一定条件的。开展页岩气聚集条件研究，是寻找页岩气富集有利区的基础。

3. 页岩气资源评价

页岩气是四种非常规天然气之一。页岩气资源广泛分布在世界各地，1997年H－H Rogner研究过世界烃类资源，其中报告页岩气资源为456万亿立方米(参见表3－2)。2009年《世界能源展望》报道，假如40%最终被回收，那么页岩气可回收资源为180万亿立方米。

美国能源情报署(EIA)评估了32个国家48个页岩气盆地，含70个页岩气层。IEA评估覆盖了所选择国家最丰富的页岩气资源，根据地质资料分析，可在短期内获得的技术可采资源量，见表3－4。

表3-4 世界页岩气资源

国家	技术可采资源量/亿立方米	占世界总量/%
中国	360 825	19.3
美国	243 946	13.0
阿根廷	219 042	11.7
墨西哥	192 723	10.3
南非	137 255	7.3
澳大利亚	112 068	6.0
加拿大	109 804	5.9
利比亚	82 070	4.4
阿尔及利亚	65 373	3.5
巴西	63 958	3.4
波兰	52 921	2.8
法国	50 940	2.7
世界总量	1 874 026	100

4. 页岩气开发

页岩气层的渗透率从1纳达西(10^{-21}平方米)至1微达西(10^{-18}平方米)，要比致密气藏渗透率约小数百倍，见图3-3。因为没有足够的渗透率，大量流体不能流入井眼。因此，多数页岩并不具有商业价值。为了要商业性生产必须通过水平钻井和多段压裂，以提高渗透率。从天然裂缝生产页岩气已经有许多年的历史，但随着现代水力压裂技术的发展，在井眼周围创建了宽范围的人工裂缝，才加速了页岩气的开发。

页岩气开发与致密油开发相同。页岩气开发先是采用水平钻井，钻杆延伸到页岩层横向长度约3000米，然后采用多段水力压裂，约分为10段压裂，接触面积约扩大了400倍，创建了井眼与页岩接触的最大表面积。页岩层系打水平井的技术关键是准确钻遇目的地层并保持井眼完整，便于后续固井和压裂。水平井分段压裂技术的关键是实现页岩层系的体积压裂，这种压裂要求尽量在页岩层系中形成网状裂缝，增加泄气面积。这与常规油气储层改造中要求尽量造长缝的理念完全不同，两者在压裂的技术细节方面差别较大。

页岩气在页岩层中以游离态和吸附态存在，由于页岩气经由通道不断从井眼涌出，井底压力逐渐降低，游离态页岩气立即从裂缝中涌向井底，然后吸附在有机质上的页岩气逐渐释放出来(见图 3－8)。

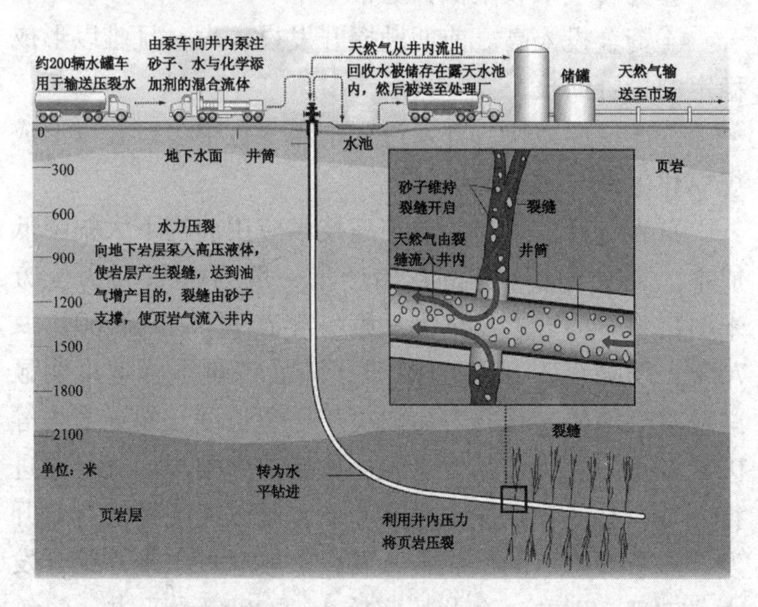

图 3－8　页岩气开采图

根据美国的经验表明，钻井和压裂所需水量一般为 2 万吨左右，其中压裂阶段的用水量最大可达总用水量的 90%。另外，在美国的天然气钻井水体污染事件中，

48% 为地下水污染，33% 为井场地表泄漏。由此可见，页岩气开发既要解决用水量的问题，也要解决水资源污染的问题，否则将对自然环境造成严重的破坏。

页岩气藏开发的特点是：

①气层压力低，一般不会自喷，以水平井为主，需要压裂改造措施；

②单井产量较低：初期气产量递减快，后期趋于稳定；平均日产(1～2)万立方米；

③页岩气采收率低：通常小于 5%～20% 不等；

④资金投入高。前期勘探开发投入大，且难以形成稳定的投资回报；

⑤产量递减快。开发过程中需要打很多口井以形成规模化生产与供应。

页岩气开发生产要求在高技术应用前提下大幅降低成本。页岩气水平井的初始产量一般为(6～8)万立方米/日，初期产量下降快，第一年产量将下降 60%～70%，约降至 2 万立方米/日，随后产量下降速度明显减缓直到消失，其井寿命取决于压裂长度、裂缝密集等因素。页岩气为低品位资源，如果按照常规油气思路进行开发，必然导致成本居高不下，难以实现经济有效开发。对于页岩气的低成本开发，一般通过水平井组开发方式实现，即在一个井场实施 10～20 口水平井，集约用地，降低钻井、压裂和开采成本；也可通过页岩气、页岩油等多类型资源综合开发，或者引入竞争机制，通过竞争等多种方式综合降低成本。

第五节 天然气水合物

天然气水合物和水溶性天然气是目前尚未开发的没有经济价值的非常规天然气，但它们蕴藏着巨大的天然气储量。

天然气水合物是笼形包合物的一种。它是在一定条件(即合适的温度、压力、气体饱和度、水的盐度、pH值等)下由水和天然气组成的类似冰状的、非化学计量的、笼形结晶化合物，因其遇火即可燃烧，所以也被称为“可燃冰”。可用化学式 $M \cdot nH_2O$ 来表示，其中 M 代表水合物中的气体分子，n 为水合指数(也就是水分子数)。组成天然气的成分如甲烷(CH_4)、乙烷(C_2H_6)、丙烷(C_3H_8)、丁烷(C_4H_{10})等同系物以及二氧化碳(CO_2)、氮(N_2)、硫化氢(H_2S)等均可形成单种或多种天然气水合物。形成天然气水合物的主要气体为甲烷，对甲烷分子含量超过99%的天然气水合物通常，称为甲烷水合物。

在标准状况下，一单位体积的甲烷水合物分解，最多可产生164单位体积的甲烷气体，因而甲烷水合物是一种重要的潜在资源。

1. 天然气水合物的发现

发现天然气水合物起源于20世纪30年代，当时因为在天然气的输气管线中常含有水分，在一定温度和压力的条件下，水分子会与天然气分子形成固态的天然气水合物，阻碍了天然气的正常流动及输送，甚至导致管路及设备毁损，这引起了研究者对天然气水合物的注意和研究。当时的研究目的仅限于防止输气管线被固态的天然气水合物阻塞或损坏。

1965 年在西西伯利亚麦索雅哈气田中，首次发现含天然气水合物的地层。20 世纪 70 年代，又在美国东部大西洋中的布莱克外脊的海底沉积物里发现天然气水合物。在该处的震波反射中，含有拟似海底反射的现象，并且在拟似海底反射上面的地层，发现震波速度异常的现象。所以，史托于 1971 年认为拟似海底反射的震波反射现象，是一种天然气水合物存在的迹象。

1974 年，北加拿大三角洲地带浅部地层也发现了天然气水合物。因此，有人认为天然气水合物可能遍布北极圈地区。后来，拟似海底反射在世界各海洋的海底沉积物中陆续发现，例如，北太平洋的白令海域、北冰洋的毕佛特海 、北大西洋的西部、台湾西南海域等。

1974 年希聪的研究认为，具有商业开采价值的天然气水合物地区包括美国阿拉斯加的北极边坡石油区、加拿大的麦肯辛三角洲及北极群岛、俄罗斯的西西伯利亚北方及薇利亚盆地等。

2. 天然气水合物的形成

形成天然气水合物有两种途径：

①由生物气转化而成。即有机物沉积在浅层经低温厌氧分解而成。海床厌氧菌以动植物遗骸为食物，在此过程中产生甲烷，经过海底水压长期加压沉积而成。地

球形成已有46亿年历史，生物界从海洋到陆地经历了38亿年的演化过程。巨大量的海生动植物死亡，被厌氧甲烷菌分解生成甲烷，为天然气水合物的生成提供了丰富的源泉，生物气转化而成的几乎全部是甲烷。

②由热成因气而成。热成因气是在深层形成，即有机物沉积物热裂解转化和深层原油在高温热裂解转化成天然气水合物。

图3-9说明，生物甲烷在浅海沉积900米深处生成，而热成因气是从地质断层缓慢渗透出来，生成极厚的天然气水合物储层。由于地壳变动，在极地和冻土带也会埋藏丰富的天然气水合物。

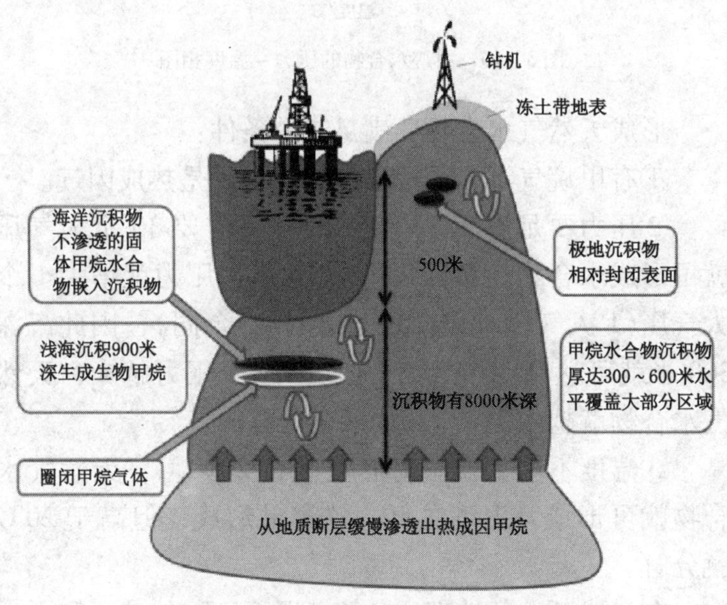

图3-9　天然气水合物沉积

图 3－10 是甲烷水合物的压力－温度相图。在 4℃形成水合物必须有 50 个以上的大气压。

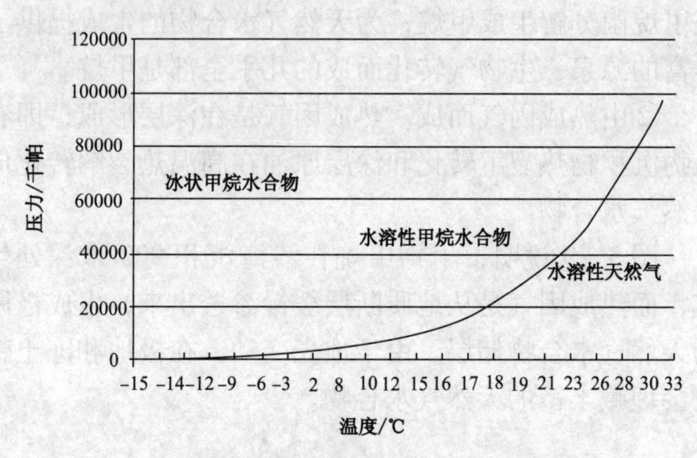

图 3－10　甲烷水合物的压力－温度相图

形成天然气水合物要满足三个条件：

①有甲烷气源，无论是生物气或者是热成因气。

②压力要足够大。在 0℃时，只需要 30 个大气压就可形成水合物。海深每增加 10 米，压力就增大 1 个大气压(1 大气压≈101.01×10^5 帕，余同)，因此海深 300 米就可达到 30 个大气压，海越深压力越大，天然气水合物就越稳定。

③温度不能太高。海底温度在 2～4℃，天然气水合物就可形成，温度越低，越容易形成，但高于 20℃就分解。

在上述三个条件都具备的情况下，天然气可和水生成天然气水合物，分散在海底岩层的空隙中。在常温常压下，天然气水合物分解为甲烷和水。

3. 天然气水合物资源量

天然气水合物在世界范围内广泛存在。在地球上约有27%的陆地是可以形成天然气水合物的潜在地区，而在世界大洋水域中约有90%的面积也属潜在区域。自然界中天然气水合物的稳定性取决于温度、压力及气—水组分之间的相互关系，这些因素制约着气体水合物仅分布于岩石圈的浅部，地表以下不超过约2000米的范围内。已发现的天然气水合物主要存在于北极地区的永久冻土带和世界范围内的海底、陆坡、陆基及海沟中。

由于采用的标准不同，不同的组织机构对全世界天然气水合物储量的估计值差别很大，但是，多数认为储存在天然气水合物中的碳至少有10万亿吨，约为当前已探明的所有化石燃料（包括煤、石油和天然气）中碳含量总和的2倍，见表3－5。由于天然气水合物的非渗透性，通常又作为其下面的游离天然气的封盖层，因此，加上天然气水合物层下的游离气体量，其估计值可能还会更大些。

表3－5　有机碳在地球储层中的分布

储　层	储层细分		总 计/吉吨	
海　洋	海洋生物系		3	983
	溶解有机物	表层水	30	
		中层水	250	
		深层水	700	

续表

储　层	储层细分	总 计/吉吨	
陆　地	陆地植物系	830	2790
	土壤	1400	
	泥炭	500	
	地表岩屑	60	
大气圈			3.6
化石燃料			5000
天然气水合物			10000
分散碳	含岩石和沉积物中		~20000000

注：1 吉吨 = 10^9 吨。

4. 天然气水合物的探测

探测天然气水合物的方法有：

(1)震测(海底仿拟反射测绘)

利用海域地震测量调查技术，常发现有大量沉积物堆积的陆缘海床下数百米处，有近乎平行海床地形面的反射面，称为“海底仿拟反射，这有助于物体分布的地震测量调查。

(2)钻探及电测

利用地质钻探是获得各项地质资料最直接有效的方法，若能采得天然气水合物岩心，更可直接测量天然气水合物储层的各项物理和化学性质，但此法所需工程费用相当昂贵而且费时。此外，由于天然气水合物储层具有高电阻系数、高声波传播速度、高孔隙率及高气泥比的特性，因此目前缆线电测的应用项目，主要有井径电测、伽玛射线电测、自然电位电测、电阻系数电测、声波电测、中子电测等。

(3)岩心的物理和化学性质检测

天然气水合物的离解和气体解压膨胀均属于吸热反应，若岩心中含有水合物，则岩心温度会降低，因此由这些物理和化学性质的异常现象，均可指示天然气水合物的存在。

(4)海床表征

利用水下摄影或声纳等技术以观察海床表征，如气体喷柱、泥火山、隆锥、烟柱及特有的微生物群等现象，均可直接或间接指示有天然气水合物存在。

5. 天然气水合物开采方法

利用温度－压力、溶质－溶剂等效应来改变天然气水合物共存的相界平衡关系，使得地表下水合物能先行解离产生甲烷，再将甲烷导出地表加以开采和利用。目前主要有三种：

(1)热激发法

能促使温度上升达到水合物分解的方法，均可称为“热激发法”。此法是将水蒸气、热水、热盐水或其他热流体泵入水合物地层，也可采用开采重油时使用的火驱法或利用钻柱加热器。其缺点是造成大量的热损失，效率很低。特别是在永久冻土区，即使利用绝热管道，永冻层也会降低传递给储集层的有效热量。

为了提高热激发法的效率，可采用井下装置加热技术，如井下电磁加热方法。此法是在垂直(或水平)井中沿井的延伸方向在紧邻水合物层内的上下放入不同的电极，再通以交变电流使其产生热直接对储层进行加热，储层受热后压力降低，通过膨胀产生气体。电磁热还很好地降低了流体的黏度，促进了气体的流动。

(2)化学药剂激发法

有些化学药剂如盐水、甲醇、乙醇、乙二醇、丙三醇等可以改变水合物形成的相平衡条件，降低水合物稳定温度。将上述化学药剂泵入水合物层内，就会引起水合物的分解。此法较热激发法作用缓慢，且费用太昂贵。在海洋中由于水合物的压力较大，因而不宜采用此法。

(3)减压法

通过降低压力来引起天然气水合物稳定的相平衡曲线移动，从而达到促使水合物分解的目的。一般是通过在水合物层下的游离气聚集层中，“降低”天然气压力或形成一个天然气“囊”(由热激发或化学药剂的作用人为形成)，使与天然气接触的水合物变得不稳定并且分解为天然气和水。开采水合物层下的游离气是降低储层压力的一种有效方法，此外通过调节天然气的提取速度可以达到控制储层压力的目的，进而达到控制水合物分解的效果。减压法的优点是不需要昂贵的连续激发，但只使用减压法开采天然气水合物速度很慢。

单独采用任何一种方法来开采天然气水合物都是不经济的，只有结合不同方法的优点才能达到对水合物的有效开采，如将减压法和热开采技术结合使用，即用热激发法分解天然气水合物，而用减压法提取游离气体。

目前开采的最大难点是保证井底稳定，使甲烷气不泄漏、不引发温室效应。天然气水合物气藏的最终确定必须通过钻探，其难度比常规海上油气钻探要大得多，一方面是水太深，另一方面由于天然气水合物遇减压会迅速分解，极易造成井喷。

6. 水溶性天然气

水溶性天然气是指地层压力大于饱和压力的条件下，以溶解状态存在于地下水中的天然气，是一种非常规天然气。地下水的溶解气量取决于天然气的压力、水的温度和含盐量。当这种地下水到达地表后，随着压力降低，溶解气鼓泡产出。

水溶性天然气可分为：

①低压水溶性天然气。每吨水中溶解几立方米天然气，不具有开采价值；

②高压水溶性天然气。每吨水中可溶解几十至数百立方米天然气，具有开采价值。

虽然有许多国家都有发现水溶气藏的报道，但进行开发的并不多，其中日本最为重视，勘探开发历史超过80年。日本已对北海道、秋田、新泻等水溶天然气藏进行开发，目前年产气约10亿立方米。

估计中国水溶性天然气资源量为(12～65)万亿立方米，占世界水溶性天然气资源量约5%。但数据可信度如何，不同专家意见不一。

第四章　合成燃料

煤、石油和天然气都是重要的天然化石能源，但石油对世界经济的影响力要远高于煤和天然气，因此，从煤、天然气或生物质制取液体燃料显得很重要。美国如果不依靠合成燃料特别是生物燃料，就无法达到“能源独立”的目标。

合成燃料是从煤、天然气或生物质获得的液体燃料，也可以是从其他固体如塑料、橡胶及含碳废物制得的燃料。通常所指“合成燃料”是经由费歇尔－托普斯转化、甲醇制汽油或煤直接液化等制得的燃料。

合成燃料生产可归纳为两种类型：

①直接转化法。即热解，指煤、生物质等含碳物质在缺氧的环境下直接转化为最终产品，可分为碳化和加氢两类不同的步骤生产合成燃料，但无需通过合成气中间步骤。

②间接转化法。即气化，指煤、生物质等含碳物质经由费歇尔－托普斯法及天然气经由蒸汽转化法制取合成气。合成气是由一氧化碳（CO）、氢（H_2）、二氧化碳（CO_2）、水（H_2O）组成的混合物。合成气再经过处理，将合成气转化成清洁的高品质的液态燃料和其他化学产品。

生产合成燃料的原料都没有摆脱化石燃料，但只有生物质属于可再生能源，生物质生产的合成燃料，不但解决石油供应同时也减缓温室气体排放，生物质生产合成燃料在非常规油气中占有极重要的地位。

美国能源情报署2011年年度能源展望报告了美国液态燃料的来源及组成。值得注意的是，美国解决本土石油需求不是单靠地下开采的原油，而是很大部分依靠非石油天然气来源。非油气来源的液态烃的比例增加得很快，2009年生物燃料和xTL[指BTL(生物质制液体燃料)、GTL(合成气制液体燃料)和CTL(煤制液体燃料)的总称]为液态燃料总量的8.3%，预计到2035年将增加到25.7%。

第一节　直接液化法

直接液化法是指在没有氧气的环境下，煤、生物质及含碳废物等原料直接转化为最终产品，无需通过合成气中间步骤。可分为煤制油(加氢)和热解聚两大类。

1. 煤制油

20世纪初叶，世界石油工业进入蓬勃发展时期，可是德国煤资源丰富，原油少，这激发了研制煤制油项目的开展。煤制油工艺的奠基者是德国化学家弗里德里希·贝吉乌斯，1913年他利用在高温加压的条件下，氢化高挥发性烟煤来生产液态烃用作合成燃料。他把煤粉与催化剂混合，在高温(450～500℃)和高压(20.3～30.4兆帕)下，与氢气发生反应，使其中的碳分子转化为与原油相似的产物，即合成生产烃和烃的含氧化合物。这种产物经过分馏，可以生产出汽油，副产品有石蜡等。此方法称为贝吉乌斯法。

煤液化的优越性在于：煤分布在世界各地，储量丰富，国际市场供应充足，煤液化可减少对石油进口的依赖，提高能源安全；煤液化制成的合成油可用于运输、烹饪、发电以及化学工业；煤衍生的燃料无硫、颗粒少、氮氧化合物低；煤制液体燃料可提供超净的烹饪燃料，减少室内空气污染带来的健康风险。

经济发展对能源需求日益增加，特别是运输燃料绝大部分来自石油，因此，关注煤制油和生物质制油已被世界各国提上议程。煤液化厂的建立与石油价格密切相关，当石油价格上涨，煤液化厂增加，反之则减少。

采用加压供热和催化剂来裂解煤制取液态油（见图4－1）。煤被研磨成粉，在高温加压的环境中，煤在溶剂中溶解，与油和氢气混合，将煤转化成合成原油。这个过程效率高，理论效率可高达70%～75%，1吨高挥发性烟煤可转换为约3桶炼油厂高品质油，但需要进一步炼制，才能达到高品质燃料产品。

目前，世界上最大的煤制油工厂是由中国神华煤制油化工有限公司建造的，年耗煤345万吨，生产各种油品108万吨。

煤直接液化法制取合成油分为两个步骤进行：碳化和加氢。碳化是将有机物质通过热解聚或干馏转化为碳或含碳残渣。加氢通常是在有催化剂存在

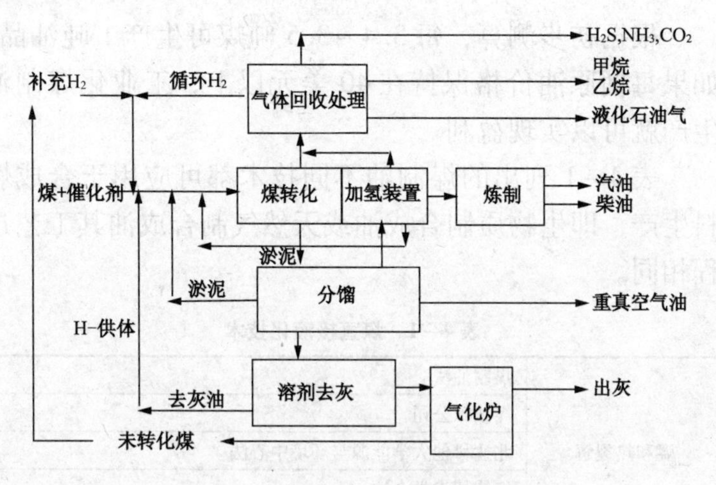

图4－1　煤直接转化法制液体燃料

下氢分子(H_2)与其他化合物或元素进行化学反应。煤直接液化法必经加氢处理这一步，其原因是化石燃料均由碳氢化合物构成，其氢/碳比例不同(见图4－2)。烟煤的氢/碳比为0.8左右，而原油的氢/碳比为1.76左右，汽柴油的氢/碳比约为2。煤液化是让煤在高温高压条件下裂解，通过化学反应提高煤的氢/碳原子比，降低氧/碳原子比，转化成液态油(烷烃)和气态烃。

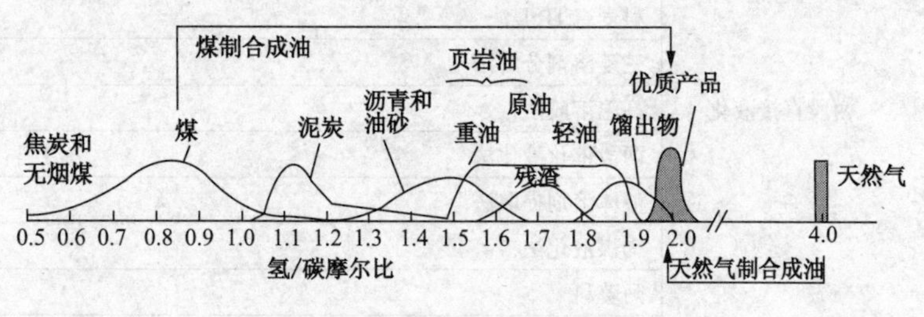

图4－2　化石燃料的氢/碳比

根据初步测算，每3.4~3.5吨煤可生产1吨油品，如果每桶原油价格保持在40美元以上，工业化煤制油生产就可以实现盈利。

表4－1列出的煤制油不同技术都可应用于合成燃料生产，即生物质制合成油或天然气制合成油其工艺过程相同。

表4－1　煤直接液化技术

温和热裂解	煤制油法
	煤技术公司
	北达科他大学能源与环境中心法
	气体技术学会法
	COED多段流化床煤热解工艺
单段直接液化	溶剂精炼煤法
	埃克森供氢溶剂法
	煤加氢法
	埃门哈森高压法
	康菲氯化锌法
	NEDO法
两段直接液化	康索尔合成燃料法
	鲁玛斯ITSL法
	雪佛龙煤液化法
	科麦奇ITSL法
	三菱溶剂分解法
	高温溶胶法
	两段催化液化法
	液体溶剂提取法
	褐煤液化法
	阿莫科
	超临界气体提取法

续表

混炼和干式加氢	MITI 混炼法
	樱桃 P 法
	溶剂分解混炼法
	高温溶剂混炼法
	雪佛龙混炼法
	鲁玛斯顶级混炼法
	艾伯塔研究局混炼法
	CANMET 混炼法
	RWE 混炼法
	TUC 混炼法
	UOP 淤泥催化混炼法
	HTI 混炼法

中国在“十一五”期间已建成5个煤制油装置，2010年形成产能168万吨/年，预计到2015年产能将达到600~800万吨/年。中国的煤制油建设项目见表4-2。

表4-2　中国煤制油建设项目

序号	煤制油单位	规模/(万吨/年)	技术来源	建成日期
1	神华鄂尔多斯煤制油分公司	100.0	自主研发(直接法)	2009年1月
2	内蒙古伊泰煤制油有限责任公司	16.0	自主研发(间接法)	2009年3月
3	山西潞安煤基合成油有限责任公司	16.0	自主研发	2009年8月
4	晋城煤业集团天溪煤制油分公司	10.0	埃克森美孚	2009年6月
5	中国神华煤制油化工有限公司	18.0	自主研发(间接法)	2009年12月
6	神华宁夏煤业集团有限责任公司	300.0	拟用萨索尔技术	
7	兖矿陕西公司榆林煤制油项目	100.0	自主研发(间接法)	

2. 热解聚

热解聚是指无氧气存在下，含碳有机物质的高温分解反应。在工业上，可用于将生物质或废料转化为合成油。热解聚技术模仿地球史将有机物转变成石油的过程。在加压加热的过程中，长链聚合物中的氢、氧、碳分解成短链烷烃，其最大长度约18碳。

如图4－3所示，含碳原料在热解聚反应器中加热加压，在除去杂质后骤冷分离出轻质油。可处理的范围从废旧汽车轮胎到动物粪便，从废纸到医疗垃圾。这种工厂可以推广到全世界，因为无论在哪里，它的原料都十分充足。

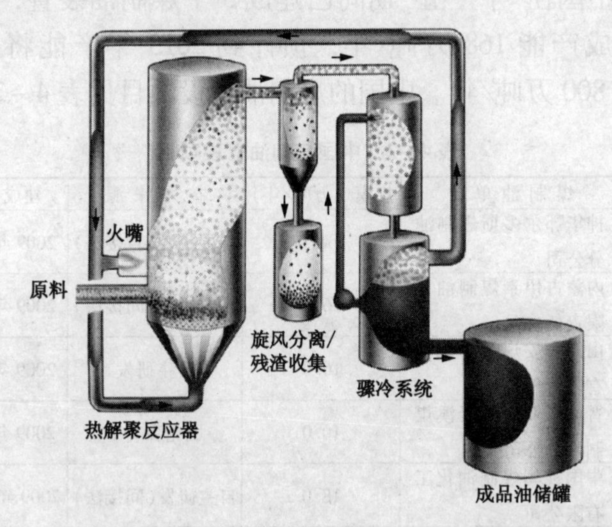

图4－3　热解聚过程

2003年末，美国农业巨头康家公司宰杀大量的牛、羊、鸡和其他动物，每天将200吨动物内脏倾倒进一个大罐子里，然后将这些有机垃圾运到处理厂，经过热解聚工艺处理，可制得500桶家用燃料，还有足够运作整个工厂的生物气及11吨可以制造化肥的浓缩矿物质。表4－3为热裂解废料制得的油气。

表4－3　热裂解原料及能源生产

原　料	油品/%	燃气/%	固体(主要为碳)/%	水(蒸汽)/%
塑料瓶	70	16	6	8
医疗废物	65	10	5	20
废轮胎	44	10	42	4
动物内脏	39	6	5	50
含油污水污泥	26	9	8	57
纸(纤维素)	8	48	24	20

第二节　间接液化法

间接液化法是指煤、生物质经由费歇尔－托普斯法及天然气经由蒸汽转化法制取合成气。合成气由一氧化碳(CO)、氢(H_2)、二氧化碳(CO_2)、水(H_2O)组成的混合物。合成气再经过处理，将合成气转化成清洁的高品质的液态燃料和其他化学产品。

间接液化法在世界范围内应用最广泛，全球生产量约为26万桶/日(4.1万立方米/日)，并有许多项目正在积极开发之中。

1. 费－托合成

间接液化法主要技术是从合成气生产合成燃料，即费歇尔-托普斯合成和美孚工艺(即甲醇转化制汽油，缩写 MTG)。有些技术如从合成气生产乙醇尚在研究之中，还未被证实具有商业规模。间接转化法制取合成油的过程见图4-4。

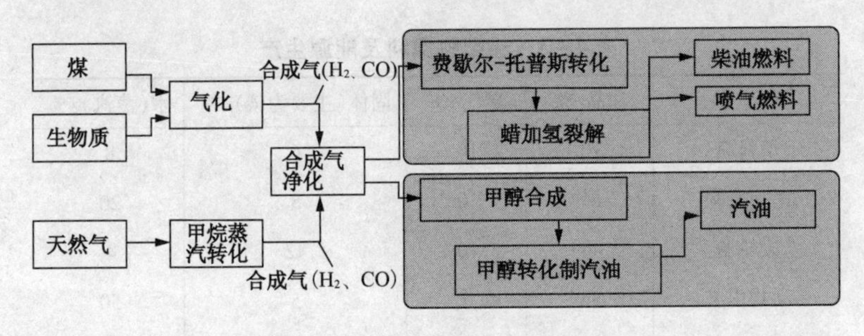

图4-4　间接转化法制取合成油过程

费歇尔-托普斯合成，简称费-托合成，是1923年由德国化学家弗朗茨·费歇尔和捷克化学家汉斯·托普斯在德国研究成功。费-托合成是以合成气(一氧化碳和氢气的混合气体)为原料，在催化剂和适当条件下合成以石蜡烃为主的液体燃料的工艺过程。

反应过程表示为：$n\mathrm{CO} + 2n\mathrm{H_2} \longrightarrow [-\mathrm{CH_2}-]n + n\mathrm{H_2O}$

副反应有水煤气变换反应：$\mathrm{H_2O} + \mathrm{CO} \longrightarrow \mathrm{H_2} + \mathrm{CO_2}$

费-托合成主要包括气化、变换、重整、合成和产品精制等。传统的费-托合成催化剂是钴基和铁基催化剂，产物主要为直链烷烃、烯烃、少量芳烃及副产水和二氧化碳，反应组成复杂，选择性较差，轻质液体烃少。

美孚工艺过程是将天然气转化成合成气，不经由费-

托合成，由合成气制取甲醇，然后甲醇在沸石催化剂上制取合成汽油。它是20世纪70年代初开发的。

间接液化法的优点是原料特别是煤种适应范围广，反应条件要求比直接液化低，缺点是理论产油率较低，约60%～65%。

表4－4列出的几种不同技术都可应用于煤间接液化法生产合成燃料，生物质制合成油或天然气制合成油其工艺过程相同。

表4－4　煤间接液化法

间接液化法	萨索尔法
	任技术公司
	合成汽油法
	美孚甲醇制汽油法
	美孚甲醇制乙烯法
	壳牌中间馏分合成法

2. 气化工艺

间接液化法，也称为“气化工艺”，是指将含碳物质转化成合成气，用于发电和生产化工原料的工艺过程。

根据初始原料的来源，间接液化法生产合成燃料的过程通常指煤制合成油（CTL）、天然气制合成油（GTL）或生物质制合成油（BTL）。将煤和生物质结合作为原料，就成为煤和生物质制合成油（CBTL）。

用作气化的原料是煤、石油（包括原油、高含硫的燃料油、石油焦以及炼油厂残留物)、生物质、泥炭等。制备原料并以干式或浆式进入气化炉，在气化炉中原料与蒸汽和氧在高温、高压下进行还原反应，生成合成气。合成气主要为一氧化碳(CO)和氢(H_2，大于85%体积)及少量二氧化碳(CO_2)和甲烷(CH_4)。通过合成气生产柴油、汽油、甲醇、乙醇、氢、二甲醚及化学品，供汽车使用。

此外，气化炉中的高温还将原料中的无机物转化为玻璃砂状残留物，可用作建筑材料。硫黄以元素硫形式回收，用于生产硫酸。图4－5说明，从进料开始到输出产品，没有废物产生。

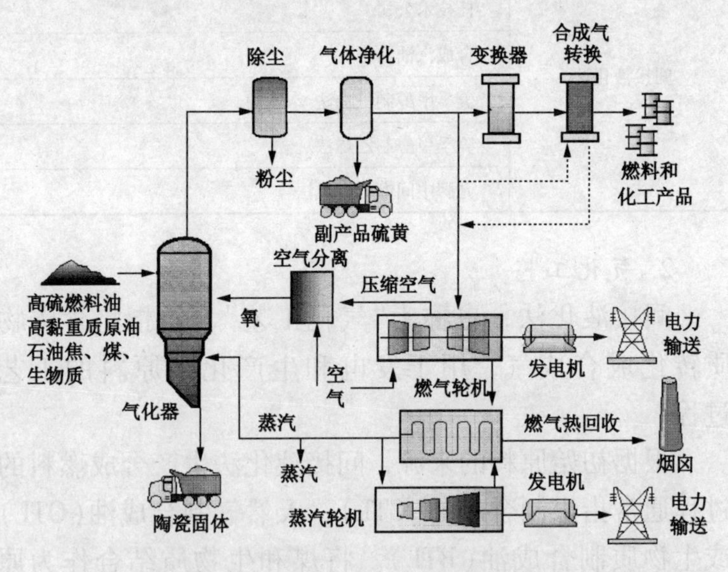

图4－5　气化工艺流程

各种原料先制成合成气，然后通过费－托合成制取合成油。它除了具有不含杂质的优点外，与从天然气或煤炭制取的合成燃料相比，生物质制取合成油的独特优势是二氧化碳排放量较低，这是因为生物质在生长过程中吸收二氧化碳，因此可以大部分抵消其在燃烧过程中排放的二氧化碳。生物质制取合成油既可以作为添加剂，也可以作为纯净燃料用在柴油发动机中。

第三节 生物燃料

在人类诞生之前，生物质通过太阳的光合作用不断繁殖，再经过亿万年地下埋藏而产生化石燃料，为人类准备了丰富的燃料资源，而在人类诞生后一直和谐地伴随着人类成长。

生物燃料是人类最可靠的燃料，也是非常规油气资源的重要部分，生物燃料的利用不但减少了对外的石油依存度，而且减缓了温室气体的排放。2009 年美国生物燃料只占美国液态燃料的 8.3%，预计到 2035 年将增加到 17.3%。发展生物燃料是世界各国关注的课题。

1. 生物质

生物质指由光合作用而产生的各种有机体，包括植物、动物和微生物及其排泄与代谢物。各种生物之间存在着相互依赖和相互作用的关系。生物质对人类有着广泛而重要的用途：①作为食物；②作为工业原料；③作为生物质能；④草木、森林能改善环境，调节气候，保持生态平衡。

生物质具有可再生性，取之不尽，用之不竭。生物质遍布世界各地，其蕴藏量极大，仅地球上的植物，每年生产量就相当于目前人类消耗矿物能的20倍，或相当于世界现有人口食物能量的160倍。

2. 生物质能

生物质能指太阳能通过植物的光合作用转换、固化和储存的能量形式。它是一种以生物为载体的能量，直接或间接地来源于植物的光合作用。在各种可再生能源中，生物质能是能够储藏太阳能的唯一可再生的碳源，可转化成原煤、原油和天然气。

生物质能所含能量取决于生物的品种、生长周期、繁殖与种植方法、收获方法、抗病抗灾性能、日照的时间与强度、环境的温度与湿度、雨量、土壤条件等。

地球上每年植物光合作用固定的碳达 2×10^{11} 吨，含能量达 3×10^{21} 焦耳，因此每年通过光合作用储存在植物的枝、茎、叶中的太阳能，相当于全世界每年能源总用量的10倍。但其中只有1%～2%被人类所利用。

3. 生物燃料

生物燃料是生物固定碳衍生出来的能源的一种燃料类型。生物燃料包括生物质转化以及固体生物质、液态燃料和各种生物气。

由于石油价格上涨及提高能源安全，生物燃料受到公众和科技界广泛关注。美国、巴西、德国和阿根廷四国的生物燃料之和约占世界总量的80%。

中国现已开始注重生物燃料生产，2012年颁布了

《生物质能发展“十二五”规划》,《规划》指出,到2015年,生物质能年利用量超过5000万吨标准煤。其中,生物质发电装机容量1300万千瓦、年发电量约780亿千瓦时,生物质年供气220亿立方米,生物质成型燃料1000万吨,生物质液体燃料500万吨。上述目标相对于2010年已经实现翻番。

生物燃料替代石油主要有两种类型:生物柴油和生物乙醇。

(1)第一代:农作物时代

①生物乙醇。主要有玉米乙醇和甘蔗乙醇两种。

a. 玉米乙醇。指通过对生物质如玉米、薯类、高粱、小麦等发酵来制取乙醇。生产乙醇的原料首先经干式或湿式研磨,然后再进行发酵、蒸馏、脱水和改性,得到燃料乙醇。

b. 甘蔗乙醇。发酵的糖可生产乙醇,但糖有不同的来源。在巴西,从甘蔗杆制糖作为巴西乙醇工业的原料。在北美洲,糖通常是从含有淀粉的农作物(如玉米和小麦)进行酶水解(淀粉转换为糖)获得的。淀粉的酶水解是便宜的、简便而有效的工艺,但缺点是从糖和淀粉生产乙醇需要广泛利用昂贵的有多种用途的原料。因此,寻找廉价的原料是发展燃料乙醇的重要途径。

②生物柴油。生物柴油是用未加工过的或者使用过的植物油及动物脂肪通过不同的化学反应制备出来的一种生物燃料。最普遍的制备方法是酯交换反应。由植物油和脂肪中占主要成分的甘油三酯与醇(一般是甲醇)

在催化剂存在下反应，生成脂肪酸酯。脂肪酸酯的物理和化学性质与柴油非常相近甚至更好。生产生物柴油的原料根据各地区的原料种类不同而不同；技术不同，实际产油率也不同。

能源作物指经人工专门种植，用来提供能源原料的草本和木本植物，通常用作生产生物柴油的原料。

表4－5列出与生产生物柴油有关的常用能源作物的植物油产率。

表4－5　生产生物柴油的常用能源作物产油率

单位：千克油/公顷/年

能源作物	产油率	能源作物	产油率
玉米	145	油桐	790
腰果	148	向日葵	800
燕麦	183	可可	863
鲁冰花	195	花生	890
红麻	230	罂粟	978
金盏花	256	油菜籽	1000
棉花	273	橄榄	1019
麻	305	蓖麻子	1188
大豆	375	核桃仁	1505
咖啡	386	荷荷巴油	1528
亚麻籽	402	麻风树	1590
榛子	405	夏威夷果仁	1887
大戟属植物	440	巴西坚果	2010
南瓜子	449	鳄梨	2217
胡荽	450	椰子	2260

续表

能源作物	产油率	能源作物	产油率
芥菜籽	481	乌桕	3950
亚麻荠	490	油棕	5000
芝麻	585	巴西柴油树	9000
红花	655	水黄皮	9000
稻	696	藻类(开放塘)	80000

注：1 公顷 =1 万平方米。

生产生物柴油最常用的是酯交换反应。此外还有氢化裂解、不使用催化剂的超临界方法、e-柴油、高温分解、微乳状液等方法。酯交换反应是将植物油和甲醇或乙醇混合，生成脂肪酸酯，即生物柴油。催化剂可以是酸，也可以是碱，但是碱催化的转化率更高(>98%)。若要提高到98%转化率必须二级反应以上，通常一级反应的转化率在98%以下，而且常压反应，没有中间步骤，对设备的要求也低，因此一般是采用碱催化反应。

生物柴油一般不直接作为燃料使用，而是与普通柴油混合使用。公认的经验值是调和20%的生物柴油(B20)。生物柴油的另一个环保优势，是其可降低引擎废气排放。生物柴油几乎没有含硫化物，排放的废气自然也没有硫化物。如果按20%生物柴油的比例混合，柴油引擎的氮氧化物(NO_x)排放会增加2%，但微粒排放会降低12%，碳氢化合物排放会降低20%，一氧化碳的排放会降低12%

生物柴油的优点在于可以减少一氧化碳等废物的排

放量，而且运输也比普通柴油安全。此外，生物柴油的润滑性能很高。调和5%以内可以提高润滑性能，但是如果高于5%，润滑性能却不再增强。

生物柴油遭遇的问题是植物油的成本。植物油的采购、运输、储存以及提取这些环节占生物柴油生产的大部分成本。此外，也存在一些技术限制。由于它比普通柴油黏度高，因此在低温下会降低可用性。油脂会凝结成白色黏稠状，称“云化”，凝结的温度则称“云点”。石油基柴油的云点约为-15℃，而100%生物柴油(B100)在0℃时便会开始云化，低温时很容易堵塞汽车油路。冬季使用生物柴油必须加入添加剂或者其他的保温措施。而在湿热环境下，长期储存生物柴油还需要考虑到抑制微生物和细菌的滋生。

生物柴油的另一个劣势，是B100的蕴含能量比石油基的柴油燃料低11%，最大马力输出大约会减少5%~7%。但这个差距并不大，如果是使用5%生物柴油几乎没有差别。反而是生物柴油的黏性大于石油基柴油，对喷射燃料系统和引擎组件能提供较好的润滑性。许多车主指定使用柴油(B2)，2%生物柴油，98%石油基柴油，目的就是在帮助润滑引擎。

(2)第二代：纤维素乙醇时代

纤维素时代是指摆脱利用玉米、甘蔗等为原料继而以麦秆、草和木材等农林废弃物为原料，采用生物纤维素转化为木质纤维素乙醇。木屑、秸秆等是含有大量纤维素、半纤维素的物质，统称为“木质纤维素”；小麦、水稻、玉米、薯类、油料、棉花、甘蔗和其他农作物在收获籽实后剩余的部分，统称为“秸秆”。光合作用的产物有一半左右存在于秸秆中，如生产1千克稻米可产生1.5千克稻草；生产1千克小麦可产生1.5千克麦秸；生产1千克玉米可产生4千克玉米秸秆。

秸秆经预处理后可得到纤维素和半纤维素，用酸或酶将其水解成单糖，再进行发酵就可以生产燃料乙醇。

木质纤维素制造燃料乙醇的工艺，可分为：

①糖化。木质纤维素粉碎，将浓硫酸加入到含有纤维素的木材中，使其糖化。

②发酵。从糖化中分离出乙醇。

③脱水。加热蒸发脱水，使浓度为10%的乙醇达到90%的浓度。

阳光凯迪新能源集团有限公司是中国第一个正式投入运营的万吨级生物质燃油生产基地，利用生物技术对秸秆、树枝、谷壳等农林业废弃物纤维素进行加工转化，每年生产1万吨液体燃料、航油、汽油和柴油。

(3)第三代：藻类时代

微藻燃料的研究始于1978年美国能源部资助的“水上能源作物计划”，以研究生物氢为目标。1982年逐渐转向研究生物柴油和生物乙醇。随后，美国几所大学致力于藻类燃料的研究。紧接着以色列、欧洲国家、加拿大、阿根廷、澳大利亚和新西兰等许多国家也开始了微藻燃料的研究。藻类生物燃料发展很快，估计到2022年，将占生物燃料生产的42%。

微藻是广泛分布在全球水体中的浮游植物。每年由微藻光合作用固定的二氧化碳占全球二氧化碳固定量的40%以上，微藻将光合作用产物转化成油储藏起来，在细胞内形成油滴。将这些油滴经过转酯化反应后可转变为脂肪酸甲酯，即生物柴油。某些微藻能够合成长链烯烃，也具有发展生物柴油的潜力。

微藻和高等植物的油属三酰基甘油酯，都可作为生物柴油的生产原料。

与一些产油植物比较，利用微藻生产生物柴油的优越性在于：

①微藻单位面积的产率高出高等植物数十倍；

②微藻可在缺氮等条件下存活，并可大量积累油脂，含油量可高达70%；

③微藻可以生长在咸水或盐水中并不需要农田；

④微藻的培养可利用工业废气中的二氧化碳，减少环境污染。

微藻生产的高成本是目前的障碍。微藻的培养存在单位面积生产能耗大、投入成本高的问题，微藻生物柴油要真正成为一种替代能源，降低微藻的生产能耗和成本至关重要。微藻的大量培养主要有开放池和密闭反应器两类培养方式。开放池培养成本相对较低，但藻类生长所达到的细胞密度也低，某些情况下易于被当地其他微藻侵染，且水蒸发量大。密闭培养可达到较高的藻细胞密度，不易被杂藻侵染，水蒸发量小，但反应器造价和运转成本较高，因而需要发展出集二者优点而回避其缺点的新型培养方式。另外，微藻培养液中细胞只占很小一部分，绝大部分是水，需要发展出低能耗的收集细胞并循环使用培养液的技术。

目前，从微藻中提油的方法主要有溶剂萃取、机械压榨、超临界二氧化碳萃取等方法，都存在能耗大或溶剂损失代价高的问题。发展低能耗的、经济的提油技术也是面临的问题之一。这些问题的解决，一方面需要各环节技术的突破，另一方面也都依赖于优良藻种的筛选和遗传改造。

第五章 环境问题

目前，非常规油气已经在世界范围内逐渐发展起来，由于其勘探开发需要采用特殊的技术，因此，非常规油气的勘探开发，除了可能导致常规油气勘探开发所带来的环境风险之外，还会带来新的环境风险和挑战。

非常规油气资源在开采过程中伴随着地质结构改变、地表环境破坏、大量耗水并排放水和大气污染物，甚至在开采过程中伴随甲烷泄漏等问题。自然界存在的温室气体有二氧化碳(CO_2)、甲烷(CH_4)、水蒸气、氮氧化物(NO_x)和臭氧(O_3)。非常规油气生产要比常规油气生产释放更多的CO_2，在页岩油生产的加热过程中也会有大量的油页岩气生成。如果处理不当，也会大量散发到大气中。这些气体的大量排放，导致了全球气候变暖。在工业革命后，人类活动使得温室气体排放加剧，自然界存在的CO_2、CH_4和NO_x剧烈增加。

1. 二氧化碳排放

电力工业是现代文明的标志，也是社会发展的重要基石。通常电力生产从原材料的获取、产品的生产直至产品使用后的处置都得排放CO_2。CO_2是影响地球辐射平衡的主要人为温室气体，也是度量其他温室气体的参考气体。

表5－1比较了各种电力生产方法在整个生命周期（即从原材料的获取、产品的生产直至产品使用后的处置，对环境影响的技术和方法）的CO_2排放量，其中化石燃料是按常规生产的，如按非常规油气生产，其CO_2排放量还要多。

表5－1　电力生产中温室气体排放的估计值

技　术	过程描述	估计值/（克CO_2/千瓦时）
风　能	2.5兆瓦离岸	9
水力发电	3.1兆瓦蓄水库	10
风　能	1.5兆瓦陆地	10
沼　气	厌氧消化	11
水力发电	300千瓦拦河运行	13
太阳热能	80兆瓦抛物型集光器	13
生物质	各种生物	14～35
太阳光伏	多晶硅	32
地热能	80兆瓦热干岩	38
核　能	各种反应堆	66
天然气	各种联合循环发电机组	443
柴　油	各种发电机和涡轮	778
重　油	各种发电机和涡轮	778
煤	有洗涤器的各种发电机	960
煤	没有洗涤器的各种发电机	1050

天然气是化石燃料中比较洁净的，可以说是清洁燃料，但不是清洁能源。天然气发电排放的 CO_2 约为煤发电的一半。

美国环境保护署的资料表明，如将这些燃料替代石油燃料，其温室气体的变化如图 5－1。在合成燃料替代石油中，生物燃料如纤维素乙醇、生物柴油、蔗糖乙醇、玉米乙醇都比石油排放的 CO_2 低得多。只有煤制合成油，如果采用碳捕集和封存法，则比石油排放的 CO_2 稍微高一点；反之，如果不采用碳捕集和封存法，则加倍排放 CO_2。

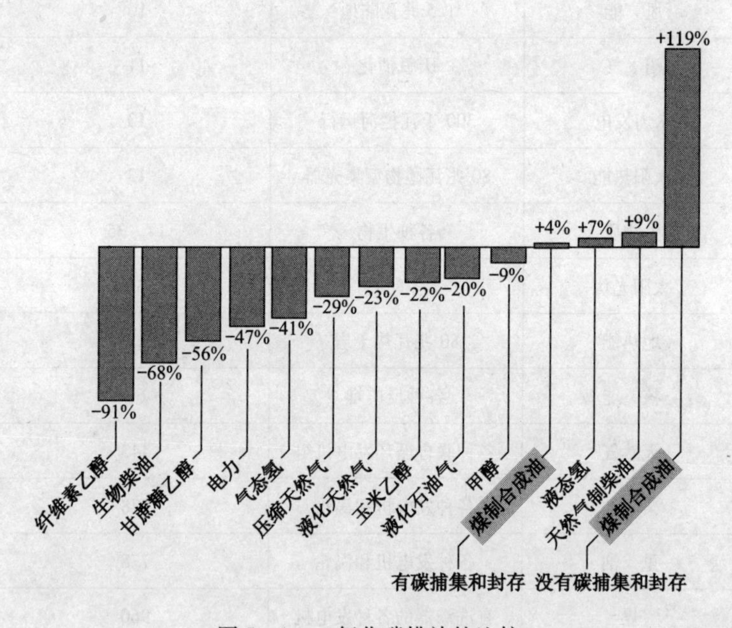

图 5－1　二氧化碳排放的比较

化石燃料与生物质燃烧均释放出 CO_2，但本质不同。生物燃料是绿色植物吸收阳光的能量，使其CO_2和水制造有机物质并释放氧的过程。植物经光合作用吸收CO_2，燃烧时又排出CO_2，构成了地球CO_2的小循环，在此过程中没有增加大气中的CO_2，而化石燃料燃烧是古代生物质残骸经过数亿年后埋藏在地层中的煤、原油和天然气燃烧释放出的CO_2，增加了大气中的CO_2含量，因此，生物质燃烧排放的CO_2少得多。生物质能开发利用如能达到产出与消耗平衡，则不会增加大气中的CO_2，但如消耗过量如毁林和耗竭可返还土壤的有机物，就可能会破坏生态平衡。

从油砂制取液态燃料需注入蒸汽的能量再加上炼制油品，则每桶石油产品比常规石油产品的温室气体排放量将增加12%。

2. 甲烷排放

非常规天然气在开发和生产中，由于各种原因可能导致甲烷释放和泄漏。虽然通常认为CO_2排放量增大是全球气候变暖的主要原因，但实际上甲烷也是一种非常重要的导致全球气候变暖的温室气体之一。目前全球气候变暖，温室气体排放量的三分之一是由甲烷气体产生的。

地球变暖潜力是表示温室气体使地球环境变暖的能力。以CO_2为基准，将1千克CO_2使地球变暖能力作为1，其他物质均以其相对数值来表示。从表5-2可以看出，氟利昂类对地球变暖潜力最强，并在大气中的存留时间最长。

表5-2 地球变暖潜力和大气存留时间

温室气体	大气存留时间/年	全球变暖潜力
CO_2/二氧化碳	50~200	1
CH_4/甲烷	12±3	21
N_2O/一氧化二氮(笑气)	120	310
HFC-23/三氟甲烷	264	11700
HFC-32/二氟甲烷	5.6	650
HFC-125/五氟乙烷	32.6	2800
HFC-134a/四氟乙烷	14.6	1300
HFC-143a/三氟乙烷	48.3	3800
HFC-152a/二氟乙烷	1.5	140
HFC-227ea/七氟丙烷	36.5	2900
HFC-236fa/六氟丙烷	209	6300
HFC-4310mee/十氟戊烷	17.1	1300
CF_4/四氟化碳	50000	6500
C_2F_6/六氟乙烷	10000	9200
C_4F_{10}/全氟丁烷	2600	7000
C_6F_{14}/全氟己烷	3200	7400
SF_6/六氟化硫	3200	23900

在非常规天然气的生产中，页岩气从开发到消费的整个生命周期内泄漏的 CH_4 约为3.6%~7.9%，而常规天然气仅为1.7%~6%。CH_4 是一种比 CO_2 能造成更强温室效应的气体，同样质量的两种气体，CH_4 造成的温室效应是 CO_2 的21倍。如不加以控制，页岩气将和煤、石油一样，给全球气候造成威胁。因此，在温室效应愈来愈严重的今天，关注气候变化必须重视页岩气开发中 CH_4 的排放。

3. 非常规油气开采对环境的影响

(1)对空气质量的影响

开发页岩气会严重影响当地空气质量。在开采页岩气中，压裂注水需要很多大功率柴油机提供动力，这将会产生大量的废气污染物。同时，页岩气燃烧排放的氮氧化物、碳氢化合物在一定条件下会生成臭氧。臭氧是二次污染物，其危害比一次污染物更为严重。在美国一些地区，由于页岩气的大规模开发导致的臭氧污染，已经引起公众关注。

每生产1吨页岩油要排放20~30吨废渣和2~5吨废水，还要排出大量烟尘及有害气体，危害周围环境和人体健康。

(2)对水资源的影响

页岩气的开发主要使用水力压裂技术，这需要消耗大量的水资源，这主要是由其开采的技术特点所决定。因为页岩气被束缚在致密的页岩里，必须通过水力压裂技术才能够采集到。水力压裂技术中采用的压裂液主要由高压水、砂和化学添加剂组成，其中水和砂的含量占99%以上。页岩气的开采需要的井数极多，据估计，平均每口页岩气井耗水量为1.5万立方米，因此一个页岩气田的开采将耗用大量的水资源。对于缺水的地区来说，页岩气的开发将加剧水资源的紧张局面。

页岩气的开发将会造成水污染，引发用水安全问题。水污染主要包括压裂液对地下水源以及返排液对地表水源的污染。页岩气压裂液中含有化学添加剂，在开采过程中还可能融入甲烷，它们会在页岩气的钻井和压裂过程中通过诱发地质断层等方式污染地下水源。而压裂后的返排液除含有压裂液中的化学添加剂外，还有一定量的烃类有机物、重金属和水溶性盐类等。这些返排液很难被全部处理合格，当不合格的处理液排入江河时，便会对地表水产生污染。

油页岩开采对生态及水质破坏严重。无论是露天采矿或是井下采矿，都需要把地下水位降低到含油页岩层的层位以下，开采 1 立方米油页岩，一般需要抽出 25 立方米的地下水；采矿水极大地增加了地表水、地下水中硫酸盐的含量。在巴西，油页岩采矿长期破坏着矿山及其附近的生态平衡和水质水位的稳定。

油砂和页岩油含有大量的水溶性酚和芳香类化合物，对环境的影响超过常规燃料。其精馏产品由于相对密度小，浮于水面形成的油膜改变了水体原有与大气和阳光的接触条件，影响了水生植物的光合作用及水体溶解气体的交换作用，甚至影响到一定范围内的水循环，造成厂区周围水体污染。

(3) 地质变动的影响

如果从天然气水合物生产天然气，当其地层温度或压力发生变化时，天然气水合物将由固体变成气体从地层中释放出来，对环境造成影响：

① 若该地层位于陆缘大陆斜坡，则有可能造成海床崩塌或滑移等地质灾害，所伴随的大量天然气逸出海床进入水中，甚至进入大气圈。

② 如果天然气水合物在开采中甲烷气体大量泄漏到大气中，造成的温室效应将比 CO_2 更加严重。即使天然气水合物矿藏受到最小的破坏，甚至是自然的破坏，都足以导致甲烷气大量散失进入大气，使地球升温更快。

③ 陆缘海边的天然气水合物开采起来十分困难，至今尚无非常成熟的勘探开发技术，若一旦发生井喷事故，就会造成海水汽化，发生海啸船翻。此外，天然气水合物也可能是引起地质灾害的主要因素之一。

④ 由于天然气水合物经常作为沉积物的胶结物存在，它对沉积物的强度起着关键的作用。天然气水合物的形成和分解能够影响沉积物的强度，进而诱发海底滑坡等地质灾害的发生，并能导致大陆斜坡发生滑坡，对各种海底设施造成极大的威胁。

由此可见，开采天然气水合物而不破坏环境仍是开采非常规天然气中难度最大的，必须认真研究可靠的开发技术。

4. 大量土地被占用及灰渣

从油砂生产原油，每炼制 1 桶油需要 2 吨油砂。加拿大每天向美国提供 140 万桶油，如露天开采 280 万吨油砂，矿山用 400 吨卡车每天需要运输 70 多万次。这种提炼留下了巨大的蜂巢般的矿洞，附近的湖泊被大量灰色沉积物污染，湖泊变成灰色。提炼时产生的粉尘、油渣及含硫气体会造成空气污染。提炼一桶油需耗用 3 桶水，虽然石油公司尽量循环用水，但仍然对附近的河流带来沉重的压力。

开采油页岩其灰渣污染严重。通过直接开采得到的油页岩用于提炼页岩油或直接燃烧，都将产生大量灰渣，如果不回收利用则不仅会造成空气污染，且废弃灰渣占地面积大，其中金属元素和微量元素渗入地下水体，危害人们的生产生活。

粉尘是油页岩开采阶段的主要污染物，随着开采和运输大量散发到空气中。页岩油燃烧发电及干馏过程中，也会产生大量飞尘。这些颗粒物吸附了大量有害金属及有机化合物，随风扩散并四处沉降，给周围水体、土壤和植物带来一定程度的影响。

页岩气的开发还会引发其他一系列的环境问题。页岩气的勘探、开发和井场建设等将会对地表和植被造成破坏。页岩气井水力压裂液储蓄池的挖掘等使得其土地占用面积远大于常规油气藏的钻井井场。页岩气钻井、水力压裂、井场建设等方面还存在噪音污染。除此之外，页岩气的开采在美国的局部地区还引发了一系列地震、泥石流等地质灾害。

油砂或油页岩无论是露天开采或地下开采，都会占用大量可耕地，一旦开垦就无法完全修复。对于含油率低、目前技术条件无法加工的贫矿，在开采过程中除了一部分回填矿坑外，多数堆积在地表。油页岩干馏和发电等过程中产生大量废弃物也被堆放在地表灰场，对植被造成严重破坏。由于剥离的岩土土质疏松，无法修建厂房等造成大面积撂荒。